MÉMOIR[E]

Sur le repeuplement , l'augmentation &
la confervation à venir des bois dans
les Départemens de la Meurthe ,
Moſelle , Aiſne , Meuſe , Marne , &c.

*Par l'Auteur * d'un Ouvrage relatif qui a remporté
à la dernière ſéance de la Société royale de Paris,
le Prix propoſé , à la demande & d'après les
fonds faits par le Corps Municipal de Paris.*

* M. DELISLE DE MONCEL , Chevalier de St. Louis , premier
Louvetier de MONSIEUR , dont trois Mémoires viennent d'être
couronnés dans la ſéance publique de l'Académie de Nancy ,
le 8 Mai 1791.

———

A NANCY;
Chez H. Hæner , Imprimeur du Roi, &c.

1791.

MÉMOIRE

SUR LES CAUSES DU DÉPÉRISSEMENT

DES FORÊTS,

ET LES MOYENS D'Y REMÉDIER.

MESSIEURS;

» IL faut commencer dès aujourd'hui.... Si
» notre indolence dure, fi la police des bois n'eft
» pas réformée, il eft à craindre que les forêts,
» cette partie la plus noble du domaine.... ne
» devienne des terres incultes, & que les bois
» de fervice, dans lefquels confifte une partie des
» forces maritimes de l'État, ne fe trouvent dé-
» truits, fans efpérance de renouvellement. »
(*Buffon, Hift. natur. Supp. Tom. III.*)

C'eft ainfi, MM., que parla l'un des hommes de
ce fiècle qui fit le plus d'honneur à l'humanité,
le célèbre M. de Buffon, ce confident de la
nature, qui en a fi bien connu & apprécié les
dons, en lui dérobant même fes plus utiles
fecrets; tous les auteurs lumineux & patriotes
qui ont traité avant ou après lui la même matière,
nous tranfmettent les mêmes principes.

Du temps des braves, mais fimples François,
nos pères, un, ou deux foyers au plus, fuffifoient

A

à leur befoin & même à leurs défirs: le luxe, tel qu'un torrent ruineux qui renverfe tout, a changé l'état des chofes; & le citoyen, pour peu qu'il ait d'aifance, fait allumer à préfent chez lui quatre à cinq feux. (1)

Il en eft de même des bâtimens: calqués autrefois fur l'utilité, ils n'ont aujourd'hui d'autres bornes que celles des fortunes; encore combien ne voit-on pas d'hommes inconfidérés, & qui, tels que l'édificateur dont parle l'évangile, entreprennent fans calculer leurs moyens, & ne peuvent achever?

Que dirons-nous de tant d'ufines à feu fi multipliées de nos jours, & dont l'aliment ne peut être que du bois ou du charbon fait de main d'homme dans la plupart des départemens, & fur-tout dans ceux d'où l'on pourroit voir arriver par eau (2), pour la capitale, des bois de chauffe & de fervice.

Autrefois on ne voyoit qu'un petit nombre de ces manufactures dans la plus grande partie de la France, fur-tout au levant & au nord de Paris;

(1) Comment qualifier l'abus d'un objet de première néceffité, tel que le bois, & qui dérive de l'énorme confommation de ces fourneaux, ou pour mieux dire, de ces gouffres de feux qui échauffent les vaftes entrées d'efcalier des maifons des *Créfus* ou des Satrapes de nos jours? Je dicte ce mémoire à Nancy, où l'on maffure qu'une feule de ces fournaifes ardentes confommoit, chez les anciens intendans de cette ville, la principale partie de 250 cordes, c'eft-à-dire, 500 voies de bois des meilleures effences, & que la caiffe d'une ville épuifée d'ailleurs, fourniffoit à ces meffieurs.

(2) Les bois, fur-tout de fervice, de la forêt d'Argonne & des environs de Sainte-Menehoult, ainfi que de celle de Mde. la ducheffe d'Elbœuf à Vienne-le-châtel, arrivent, depuis peu d'années, par un canal qui les avoifinent, à Paris & à nos ports, fans grands frais.

trifte théâtre de la pefte (3), de la guerre, de la fa-
mine, ces fléaux défolateurs dont le ciel dans fa
colère punit les mortels. Nos ayeux ne tiroient
prefque aucun lucre de ces forêts immenfes dont
la France, & fur-tout fes cantons feptentrionaux,
étoient, ainfi que la Lorraine, hériffés : on y
faifoit venir des Vofges des bouteilles pour les
vins des environs d'Ay, alors fi recherchés fous
le nom de vins de France, que Léon X, François I, comte de Médicis, Henri VIII, Charles
V, & jufqu'à Bajazet, cet infortuné prince Otto-
man, entretinrent dans cette petite ville d'intel-
ligens facteurs, pour y faire plus curieufement
leurs vins, à ce que nous affure le voluptueux
Saint-Evremont.

Un nouvel ordre de chofes fuccéda à ces temps
de trouble & d'infouciance pour les arts &
les manufactures : alors la guerre fembloit tenir
lieu de tout parmi nous, & il étoit réfervé à
l'Affemblée nationale de déclarer à l'univers en-
tier fes principes par rapport à des victoires
remportées dans le feul deffein d'étendre nos
limites ; convaincue, comme elle l'eft, que l'hif-
toire militaire d'un roi conquérant n'eft, en
dernière analyfe, que celle de la calamité des
peuples dont il devoit faire le bonheur (4).

(3) Depuis 1581 jufqu'en 1586, le judicieux auteur de
la defcription de la Lorraine affure que la contagion enleva
le tiers des peuples, & que la moitié du refte périt du
même fléau, depuis 1631 jufqu'en 1637.

(4) Ces principes, que nul littérateur n'eût ofé imagi-
ner ni même rapporter, fous quelques autres rois, font faits
pour plaire au cœur du nôtre & de fon augufte beau-
frère ; l'un & l'autre ont déjà apprécié le mérite des fatales
guerres qui ont troublé depuis un fiècle le repos de l'europe,
celle fur-tout de Bohême, qui a coûté tant d'hommes &
d'argent. Qu'en penfer ? qu'en écrire ? Le refpect dû même
aux fauffes fpéculations des puiffances, quand on ne peut
les prévenir fans trouble, en impofe à ma plume.

François I, après avoir passé, après la journée dé-
saftreuse de Pavie, par l'école sévère, mais presque
toujours utile, de l'adversité, préféra à la gloire
menfongère des conquêtes, celle d'être le ref-
taurateur des arts utiles, comme des belles-lettres : entre une infinité d'établissemens nouveaux,
il attira douze familles d'une noblesse alors
antique, pour établir des verreries dans cette
vaste & fauvage forêt d'Argonne, qui fépare
Clermont de Sainte-Menehoult : telle a été l'influence d'une vie active fur la population de cette
brave & laborieuse colonie, que, tandis que les
familles des riches citoyens, victimes de la mol-
lesse de nos villes, s'éteignent tous les jours,
celles-ci ont presque décuplé (5).

Richelieu, ce ministre despote, commença à
former une marine en France ; bientôt on la vit
combattre avec gloire sous les murs de la Rochelle,
contre la flotte angloise. Devenue formidable fous
Louis XIV, on eut le malheur de la voir dé-
truite à la fin de son règne ; ses deux succes-
feurs l'ont un peu relevée. Les Représentans de
la Nation savent que sa sûreté, comme sa gloire,
dépendent des moyens de pouvoir former avec
promptitude des armemens considérables de

(5) Croiroit-on que de ces douze fouches on compte
aujourd'hui 105 familles dans une vallée étroite qui ne contient guère plus d'une lieue quarrée ? 74 individus y fervent
l'Etat comme officiers, outre plufieurs volontaires afpirans,
& méritant, j'ose dire, le même grade, ayant été leur juge
plus de 20 ans pour le point d'honneur, jamais je n'ouïs dire
qu'aucun de ces messieurs, depuis un fiècle y ait manqué
dans les combats ; presque tous, au contraire, s'y font
diftingués, & j'ai vu ceux de nos généraux qui jugeoient
le mieux les hommes, répéter qu'ils n'en connoiffoient point
de meilleurs pour la guerre : en effet, travailleurs encore
impubères à leurs verreries, quelle fatigue dans nos campagnes peut-elle y être comparée ?

vaiſſeaux, & ſur-tout d'en entretenir en temps de paix un nombre impoſant & d'en exercer les équipages par des courſes fréquentes & lointaines pour la pêche & le commerce : dès-lors ils ne manqueront pas de prendre en conſidération particulière les vues de ce mémoire, dont le but, ſi déſirable à tant d'égards, ſeroit de pouvoir trouver un jour en France les bois de conſtruction qu'on eſt obligé de tirer avec tant de dépenſe, de lenteur & même d'incertitude, de l'étranger : au milieu ne tant de raiſons puiſſantes, nos forêts s'épuiſent, pluſieurs même s'anéantiſſent, & on ne prend pas encore de meſures pour prévenir un malheur qui, ſous tous ſes rapports, eſt un des plus grands que la Nation puiſſe redouter.

Vous l'avez vu, Meſſieurs, vous en avez gémi comme moi, depuis un peu plus d'une année ; tant d'individus de la partie indigente du peuple, ſéduits par le mot de liberté, n'abuſent-ils pas de la choſe & de la manière la plus alarmante, ſur-tout à l'égard des forêts ; des hordes de brigands, & trop de fois les armes à la main, les ont infeſtées : les gardes, & principalement ceux des bois nationaux, ont été menacés, repouſſés, & même fuſillés ; dès-lors, à moins d'un très-prompt remède, outre le péril imminent de la choſe publique, il en réſultera, comme j'ai dit, les inconvéniens les plus graves pour la France en général, & en particulier pour ſa métropole, dont l'abondance des choſes de convenance, & à plus forte raiſon celle des articles de première néceſſité, ſont l'objet de votre active & judicieuſe ſollicitude : quelqu'allarmée qu'elle puiſſe être d'une diſette de grains, un convoi de navires avec de riches cargaiſons de blé raſſureroit à

l'inftant vos imaginations qui veillent tant de fois
pour le repos de votre immenfe & célèbre cité ;
mais par rapport aux bois, fur-tout de fervice,
fi on laiffe venir le mal à fon dernier période,
(& malheureufement il y touche) un fiècle en-
tier fuffit à peine pour y remédier : les plaies
mêmes à cet égard font fi envenimées, fi pro-
fondes, que j'ai trop fouvent la douleur d'entendre
des citóyens très-eftimables, mais trop inquiets,
qui les déclarent incurables. Ah! fouvenons-nous,
Meffieurs, des Romains ; leur a-t-on vu plus
d'énergie? devinrent-ils plus fertiles en moyens
que dans les grandes calamités? & n'étoit-ce pas un
titre à l'eftime, & même au remercîment des
chefs de la république, que de favoir alors ne
pas en défefpérer ?

Je reviens à mon objet, & pour le traiter
avec un ordre qui ait quelque rapport à fon ex-
trême importance, je divife ce mémoire en
trois parties.

Dans la première, je rends compte des méthodes que j'ai vu mettre en pratique, & que
j'ai fuivies moi-même avec fuccès pour le repeuplement des forêts dégradées.

Dans la feconde, j'indique des procédés peu
difpendieux, & dont l'effet a furpaffé toute attente dans des terrains prefque infertiles, &
dont quelques-uns font près de votre capitale,
pour fuppléer à des pénuries de bois par des femis
& plantations.

Enfin, dans ma troifième & dernière partie,
je foumets mes vues à la fageffe & à la fûreté
de celles de la Société royale, à qui vous en
avez déféré, pour l'aménagement ultérieur des
forêts, & fur-tout pour en impofer à ceux qui
les dégradent habituellement. Je n'indique pas

des moyens violens ; ma plume , d'accord avec mon cœur, y répugne : ceux au contraire que je propose modestement comme je le dois, mais néanmoins avec la confiance d'une pratique de plus de trente ans, vont intéresser vos ames compatissantes, car enfin je reste à cet égard infiniment au dessous de la severité de nos ordonnances forestières & même de celles de Lorraine, dont les anciens ducs ménageoient si fort des peuples qui les adoroient. Je suis sûr d'y suppléer d'une manière avantageuse, par une combinaison & un ensemble de mesures qui affligeront bien plus l'amour-propre (6) des ravageurs de bois incorrigibles, & celui de leurs épouses ou de leurs filles, qu'on ne les verra peser sur leurs personnes & sur leurs biens.

PREMIERE PARTIE.

REPEUPLEMENT DES BOIS DE TOUTES LES SORTES.

On distingue trois espèces particulières de bois : les domaniaux, ceux des communautés, & les bois qui appartiennent à des citoyens. Ce que je

N°. I.
3 sortes de bois.

---

(6) Cette passion règne peut-être encore plus sous la bure ou la toile grossière de certains villageois, que sous le brillant costume de beaucoup de riches de nos villes : & j'ose dire qu'en affligeant ce même amour-propre, on peut, sans déshonorer les personnes, aux termes des ordonnances forestières, arriver plutôt au but qu'elles ont presque toujours manqué : en effet, celle de 1669, confirmée par l'arrêt du conseil de 1727, ordonnent la mort pour certains délits de bois. On verra par mes principes, que je suis infiniment éloigné de cette rigueur ; & si on les adopte, je ne crains pas de répondre, non de voir détruire tous les abus, mais qu'on en préviendra la majeure partie. Si on doute de l'assertion, qu'on médite mon mémoire ; je fournis des faits notoires à son appui.

dirai par rapport au repeuplement des uns, doit s'appliquer aux autres.

N°. II.
Bois communaux, plus dégradés que les autres, & pourquoi.
Personne n'ignore que les bois appelés communaux font encore plus fujets aux dégradations que ceux de la première & troifième forte. Il fe peut qu'il refte encore un peu de délicateffe à des gens pauvres de la campagne, d'où il réfulte une forte de fcrupule de piller le bien d'un particulier, & très-mal à propos ils n'en ont pas de s'approprier ce qui ne leur appartient que collectivement.

N°. III.
Reffources naiffantes de la chofe pour rétablir les bois communs.
En revanche, fi les délits font plus fréquens dans ces fortes de bois, l'inconvénient fe compenfe par des moyens d'y trouver facilement des reffources pour fe procurer les fonds néceffaires à leur reftauration.

N°. IV.
Récepage, remède violent, mais trop defois indifpenfable.
Au furplus, quelle que foit l'efpèce de bois dégradés, ou par le fer du délinquant, ou par la dent meurtrière (7) des beftiaux qui y font un tort incalculable, il eft des cas extrêmes, & dont le récepage (8) offre le feul remède ; encore

---

(7) Le plus habile auteur foreftier qu'il y ait eu en France, le célèbre St.-Yon difoit que le tort que fait une vache en deux heures dans un jeune bois, s'élève au-delà du prix de fa valeur, même portée au plus haut.

Peut-on croire que les jeunes pâtres qui voient les forêts invefties de pillards impunis, refpecteront au printemps prochain les taillis ?

(8) Jamais le récepage ne fut plus néceffaire que dans certaines lifières de bois ; les dégradations les ont ruinés en tant d'endroits, qu'il y refte à peine moitié de hautes perches : dès-lors les jets qui fortent de troncs ainfi mutilés, vont être la proie des beftiaux, & ces lifières augmenteront le nombre de tant de terrains appelés clairs chênes, qui tiennent à préfent la trifte place des fuperbes bois que les dégradeurs ont ruinés il y a 150 ans, lorfque la Lorraine étoit le malheureux rhéâtre des trois fléaux dont le ciel, dans fa colère, punit la coupable humanité.

faut-il

faut-il repeupler les places vides : on peut y pro céder de trois façons, que je crois bien rarement, & peut-être jamais, mises en usage dans les climats septentrionaux de la France.

La première est, à quelque égard, l'image de ce que fait le vigneron ou le curieux qui marcotte de jolis arbustes ; on ouvre des étroites rigoles : on y couche quelques jets menus & bien détachés de leur souche ; arrêtés par des petits crochets de bois, on les recouvre de terre pour n'en laisser sortir que trois ou quatre yeux ; les autres poussent autant de racines, sur-tout si on se borne à certains arbres qui ne pivotent pas aussi profondément que le chêne : on préfère donc le hêtre & le charme qui nous offrent un si bon bois de chauffe, le marseau, le bouleau qui viennent si vîte ; & sur-tout l'aune qui se complaît si fort dans les lieux frais & humides : on pourroit charger de ce travail les gardes sous salaire (9) de tant par cent de pieds qui auront repris.

La deuxième façon est usitée depuis peu : vers Sainte-Menehoult, elle est très-économique ; on se procure de jeunes jets enracinés dans les routes & à la rive des forêts où l'on doit les détruire : un enfant en tient une botte dont les tiges sont coupées au pied. L'autre manœuvre ouvre la terre avec une pioche d'un fer long & très-tranchant, il la tient soulevée, tandis que l'enfant met la racine dans l'ouverture : l'homme plus âgé frappe la terre du talon pour l'affermir : rien n'est plus expéditif, ni moins coûteux.

(9) Les officiers ordinaires vérifieroient ce travail, & l'inspecteur général y donnera encore un coup d'œil, en occupant les gardes ; ainsi on prévient les fraudes, suite du mal-être, & on les fixe dans les forêts, dont la régénération feroit leur gloire. L'homme, en général, s'attache à conserver ce qu'il a fait de bien.

B

No VIII.
Glands plantés à l'angloise.
Le troisième procédé nous vient des Anglois: on choisit de beaux glands bien mûrs; on les garde à la cave dans des lits de sable, & encaissés de manière à ne pas craindre les souris.

On a eu la précaution, vers juin & juillet, de lever un gazon de 9 à 10 pouces en quarré, qu'on retourne à peu de distance, les racines en haut : deux ou trois coups d'une petite pioche remuent la terre du fond & des côtés ; le soleil de l'été, les neiges & les gelées de l'hiver aident à l'enrichir : en mars, on remet le gazon dans son ancienne place, pour y faire, avec un plantoir, cinq trous en échiquier ; on insinue dans chacun un gland d'espérance ; les trous se remplissent de terre très-fine & très-végétale qu'on trouve sous la mousse ; deux ans après, on arrache les pousses les moins vigoureuses , pour n'en laisser qu'une ou deux au plus.

Le gland se complaît dans une terre qu'on prépare ainsi, & il y pivote d'une manière qui décide de son élévation future.

No IX.
Vieilles souches arrachées, glands mis à leur place.
On peut en user de même dans les lieux dont il convient d'extraire la base & les grosses racines pourries des chênes coupés depuis dix à douze ans, & qui n'ont fourni aucuns jets : alors elles occupent une place inutile. On pourroit donc, à mon avis, en abandonner (10) le bois au garde du canton, à charge de former de nouveaux arbres en place, soit par les voies que je viens de proposer, soit par quelque semis de graines de hêtre, sitôt qu'elle est récoltée.

Ces petits détails, & tous ceux qui ont rapport

(10) Comme il faut que chacun vive de son métier, & que les gardes mal payés en font un autre, s'ils sont honnêtes, leurs supérieurs devroient être utiles en moyens de leur ouvrir quelques voies innocentes pour de petits profits.

à une bonne administration ultérieure des bois, devoient faire, ce me semble, l'objet d'un règlement (11) forestier adapté aux convenances, & sur-tout au sol de chaque pays : en effet, Messieurs, de quelque degré d'estime qu'ait pu jouir la célèbre ordonnance de 1669, toujours outre plusieurs inconvéniens, n'a-t-elle pas celui de ne faire aucune différence entre nos climats du nord & du midi ?

N°. X. Nécessité d'un règlement forestier adapté au local.

Dès-lors la liberté des coupes à 10 ans, au terme de cette loi forestière, causeroit la ruine des bois de nos environs ; jamais il ne s'y formeroit une futaie même médiocre ; ce n'est que dans le massif d'un taillis, que des jeunes plants qui cherchent l'air s'élancent pour l'obtenir : leurs branches collatérales s'étouffant alors de toutes parts, périssent, & toujours la sève qui les nourrissoit se porte à la tige qui en devient plus belle : par-là on se procure à 30 ans des baliveaux dont un seul a plus de valeur que quinze des mieux choisis dans une coupe de 10 à 12 années : dans le dernier cas, les jeunes baliveaux poussent des branches (12) de côtés & d'autre, toujours aux

N°. XI. Abus des taillis coupés trop jeunes.

N°. XII. Baliveaux de 25 à 30 ans, seuls propres à fournir des beaux arbres de service.

(11) Rien de plus propre à faire atteindre au grand but de la régénération des bois, qu'un tel règlement combiné entre les administrateurs des départemens voisins, qui jouissent du même sol : les inspecteurs que je propose de nommer très-incessamment aux numéros. . . . . présenteroient-le projet de ce règlement à MM. les chefs & membres des départemens. Les officiers de gruerie les plus instruits s'accordent avec M. de Buffon, à dire que la plupart de vos règlemens forestiers sont contraires à leur objet. M. Durival l'aîné, folio 301 : donc il faut un règlement non contraire, mais utile à l'objet.

(12) Le semis dont je parlerai numéro........ avoit produit des baliveaux que j'admirai en 1748. On conseilla au propriétaire de les éclaircir ; il le fit ; l'air y pénétra ; ces jeunes chênes poussèrent une multitude de branches qui en

dépens de la tige ; alors, au lieu de devenir majestueux comme ceux des beaux chênes qu'on appelle pour cela les rois des forêts, leur port reſſemble à celui des pommiers ; auſſi, c'eſt le nom que leur donnent les bons adminiſtrateurs des bois.

No. XIII.
Parcours des bœufs & vaches ſuſpendus dans certains cas.
Ce règlement médité dans la ſageſſe de MM. les chefs du département, pourroit peut-être trancher dans le vif, *par rapport au parcours des bœufs & vaches* dans les bois domaniaux & communaux, en fermant pour cela les forêts 5 ou 6 ans, ſans y comprendre les chevaux, il ſe peut que les uſagers trouveroient la diſpoſition ſévère ; mais ne trouveront-ils pas dur encore de n'avoir dans 2 ou 3 ans, & peut-être même la campagne prochaine, que moitié au plus de leur portion d'affouages accoutumée.

La choſe ne manquera pas d'être la triſte ſuite des dégradations qui ont eu lieu, ſur-tout depuis 15 à 18 mois : il eſt aiſé de ſentir que ceux qui en ont été les auteurs, n'ont pas été prendre pour le théâtre de leurs délits des jeunes recrues dont le parcours eſt encore interdit aux beſtiaux.

Ils ont donc fait leurs coupes illicites dans des cantons de 18 à 29 ans, & même plus : les brins de gaulis par eux abbatus ont refourni des jeunes pouſſes, que les beſtiaux dévorent (13) *avec avidité.* Ainſi les

ſaillirent les tiges, & en diminuèrent beaucoup la future groſſeur & élévation.

(13) Voir ce que j'ai dit dans la note cotée D ; on ne ſauroit trop le répéter. Le cheval fait très-peu de tort au jeune taillis ; ſitôt qu'en y arrivant il a goûté des feuilles, il y renonce pour l'herbe. La faveur dûe à l'agriculture, doit faire tolérer leur parcours dans les bois domaniaux & communaux : mais, quant aux bœufs & vaches, il ne reſte aucun eſpoir de réparer les forêts, ſi on les y ſouffre. J'en ai vu abaiſſe, à mi-côte d'un vallon, des brins de dix ans de recrue, & accourir d'autres animaux pour les dévorer.

animaux concourant, en cette occasion, avec les hommes, pour la ruine d'un objet de première nécessité, tel que celui des bois, le remède est impossible, à moins qu'on ne le proportionne à la nature du mal ; *sur-tout, qu'on l'administre au plutôt.*

Ami des habitans de la campagne, (& j'ose le dire) ayant fait des preuves constamment soutenues à cet égard, ma plume, d'accord avec mon cœur, répugneroit à proposer à leur occasion des vues trop rigoureuses : il seroit aisé de prouver à ceux d'entr'eux qui entendent raison, qu'au moyen de cette suspension, on verra doubler en leur faveur l'objet d'une jouissance aussi précieuse que celle de leur bois de chauffage & de bâtiment ; mais comme la privation seroit actuelle, & l'avantage dans le futur contingent, nul doute que cette suspension de parcours (ne fût-elle que de cinq ou six années,) ne leur soit très-sensible ; il s'agit donc de dédommager ceux qui seroient dans le cas de s'en plaindre.

Eh ! MM., les circonstances n'en offrent-elles pas un moyen facile & gratuit, du moins pour les habitans, que l'assemblée nationale décharge du tiers-denier dans le prix des ventes de leurs bois communaux (14) ?

(14) La dénomination de bois communaux, souvent fausse, a prévalu. L'ordonnance de 1669 & celle de Lorraine ont souvent confondu les bois appartenans aux Communautés avec ceux où elles n'ont que l'usage. Dans le premier cas, tout est aux habitans ; dans le second, il y a nécessairement un propriétaire, soit le domaine, les ci-devant seigneurs ou autres, *la propriété ne devant être stérile entre les mains de personne.* Les communautés à qui elle n'appartient pas, n'y étant qu'usagers, auroient grand tort de refuser le tiers-denier dans leurs prétendus bois ; la nation décrétant que la propriété étoit inviolable, a par-là réservé les droits qui en résultent. Si donc les propriétaires de bois grevés de

Que l'on prenne donc une partie des fonds que par-là ils auront gagnés, pour louer en commun des terrains propres à former des prairies artificielles, en chargeant quelque cultivateur judicieux du lieu, d'en déterminer les efpèces relativement à la nature du fol, & après avoir pris pour cela l'avis des perfonnes connues, pour avoir

la fervitude d'ufage, fe font contentés de jouir du tiers dans le prix des ventes qui y ont eu lieu, ou ils ont peu connu leurs droits, ou ils ont fait, je le répète, une faveur aux habitans ufagers.

Car enfin, il eft de principe inconteftable que rien ne *répugne plus à la propriété que l'ufage ; dès-lors l'ufager ne peut prétendre que de jouir & non de vendre.* L'affemblée nationale, en libérant les communautés du droit de tiers-denier, a fans doute entendu parler de celles à qui les bois appartiennent en propre ; elle fe fait gloire de refpecter les principes, & ce n'eft au certain que nul ufager ne peut vendre fans l'aveu du propriétaire, ce qui eft au-delà de fa jouiffance réglé par les arrêts du confeil, *arbitriis viri boni :* dès-lors le propriétaire pourroit tout réclamer, quand la communauté a été remplie de fon droit d'affouage & autres déterminés par les titres de conceffion. Il s'agit donc de remonter à ces titres. Je me propofe de traiter dans un mémoire particulier cette queftion très-importante, vû les circonftances : heureux fi, par-là, je puis couper la racine des procès que je vois à la veille de naître entre les propriétaires des bois de cette claffe & les communautés qui y ont des droits d'ufage, qu'il eft fi ordinaire de confondre avec ceux de propriété.

(15) Feu M. Colin, officier de maîtrife à St.-Mihiel, l'un des plus éclairés du royaume, ne ceffoit pas de répéter que, fans cette fuppreffion de parcours de bœufs & vaches dans les forêts domaniales, que la hache coupable des délinquans avoit frappées, il défefpéroit de leur rétabliffement, & étoit fûr de leur ruine. M. fon neveu, officier très-actif & très-inftruit, penfe de même.

(16) Dans les forêts du Clermontois, qui en 30 ans ont paffé d'un état affreux de dégradation à l'état le plus brillant, comme on le verra au numéro........ on permet le parcours des taillis aux chevaux, même avant d'être défenfables, tandis qu'on déploie la plus grande rigueur par rapport aux beftiaux, les gardes couchant aux bois, lorfque la rareté des

(15)

des connoiſſances aſſurées ſur cet article intéreſſant, il eſt à croire alors que le département leur
accordera la permiſſion de toucher ſur les fonds
provenans de leurs ventes de futaie, ce qu'il faudroit pour cette deſtination.

Alors on diſtribueroit à chaque feu une portion
dans ces herbages ; les pauvres qui n'ont aucun
bétail, traiteroient avec ceux qui en nourriſſent
pluſieurs têtes, pour la part qui leur ſeroit échue.

Bien plus, comme les perſonnes verſées dans
l'adminiſtration des bois s'accordent à dire que,
ſans le parcours des bœufs & vaches, les ventes
qui en proviennent s'éleveroient beaucoup plus
haut, je propoſerois de diſtraire de leur prix quelque ſomme pour procurer à chaque ménage un
petit ſupplément de chauffe, quand les taillis
annuels ne ſuffiſent pas.

Ces deux indemnités, en faiſant le bien public, préviendroient des plaintes particulières
de la part des uſagers, quant au parcours des
bœufs & vaches dans les bois communaux qui
ſeroient ſuſpendus.

A l'égard des forêts domaniales, il en eſt peu
qui ſoient grevées de cette ſervitude ; & quant à
celles qui y ſont aſſujetties, l'autorité du département ne pourroit-elle pas les en affranchir au
moyen d'une indemnité ſuffiſante ? Car enfin,
puiſque les forêts nationales ſont précieuſes, eſt-il
juſte de les laiſſer périr par la continuité d'une
ſervitude dont les ſuites en entraîneroient la ruine,
vu l'état actuel des choſes ? Au ſurplus, j'aime
à obſerver que, ſi l'abus des abroutiſſemens (15)
eſt terrible de la part des bœufs & vaches, il devient preſque nul (16) par rapport aux chevaux
& poulains qui toujours préfèrent l'herbe aux
jeunes pouſſes de taillis.

No. XV.
*Part aux
uſagers
dans le
bois de
chauffe
provenant
des futaies
communa-
les.*

No. XVI.
*Tolérance
du parcours
des che-
vaux dans
les bois
uſagers.*

N° XVII
Division des coupes à entourer de baliveaux.

Une autre précaution essentielle encore pour remédier au déficit des baliveaux dont les meilleurs ont péri sous la hache coupable des pilleurs de bois, seroit d'en entourer chaque division de coupe annuelle.

Un arrangement aussi simple épargneroit tous les frais d'arpentage & autres pour les coupes à la révolution suivante, vû que cette ceinture seroit un signe non équivoque de reconnoissance; l'on y trouveroit d'ailleurs une grande ressource dans les temps à venir, pour des bois de service de toutes les sortes.

D'après la même & triste cause de la destruction d'une grande partie des baliveaux & des jeunes chênes de réserve dans la lisière des bois depuis l'effroyable licence dont je viens de parler, ne conviendroit-il pas d'en laisser par compensation (plus que l'ordonnance ne prescrit) dans l'intérieur des forêts où il y a eu moins de dégradations.

N°. XVIII.
Nécessité urgente de donner des salaires raisonnables aux gardes des forêts.

Sur-tout que les gardes ordinaires payés convenablement à l'avenir, comme j'en ferai voir la nécessité indispensable, déploient une diligence, une énergie nouvelle, relativement à ces arbres de réserve qu'on choisiroit à l'avenir avec le plus grand soin; nul doute qu'alors ils ne deviennent quelquefois l'objet de la cupidité de quelques-uns de ces adjudicataires avides & cauteleux, qui, bornés ci-devant à l'humble état de bucherons, se coalisent avec des particuliers pécunieux de la paroisse, & s'élèvent à la classe d'adjudicataires de bois (17).

pâtures induit les riverains à les conduire dans les taillis non déclarés défensables, aux termes de l'ordonnance de 1669.

(17) Je me reproche, en relisant cet article, d'inspirer trop de défiance contre les adjudicataires parvenus à ce titre, après avoir été long-temps ouvriers dans les forêts. Il y en a qui dans ce cas réunissent la probité à l'intelligence. Les sieurs

Connoissant

Connoiffant alors tout le prix des belles
pièces réfervées lors du martelage, trop de
fois ils les convoitent & les abattent, laiffant
à la place de mauvais arbres qui, dans la rapi-
dité du travail des récolemens, paffent avec les
autres.

Daignez en croire, Meffieurs, à mon expérience; celle que je paffois déjà (il y a environ
25 ans) pour avoir acquife à cet égard, me fit
inviter d'en faire usage dans l'intérêt de l'illuf-
tre propriétaire d'une forêt de plus de 15,000
arpens de notre mesure: les abus de ce genre
y avoient été portés à l'excès.

Un jeune Jardinier plein d'activité, d'intelligence et très-fidelle, me fervoit: je le pro-
duifis pour garde général (18), & il conçut
une idée qui déconcerta le dol.

Muni de grapins ou plaçant une petite échelle
dans l'épaiffeur d'un tailli voifin de la futaie

N.º 19!
Exemple à
fuivre d'un
Garde à
cet égard.

Gentin d'Aubreville, les Officiers de cette maîtrife; aujourd'hui une des mieux tenue du royaume, m'ont cité
ces trois particuliers comme les adjudicataires les plus
fidelles. Auffi voyant le prix des ventes forcé, (ce qui
eft un grand abus) ils y ont renoncé, ne pouvant, di-
fent-ils, fe trouver au pair en exploitant d'une manière
loyale.

(18) Avant l'inftitution de ce furgarde, les forêts
étoient dégradées de même que les chaffes, huit à dix
Gardes ordinaires ne reconnoiffant pas de fupérieur, chacun fervoit à fa fantaifie & fort mal; telle fut l'influence
d'un feul homme (paffant néanmoins de l'humble état de
mon domeftique, *omiffo medio*,) * qu'il aida à retablir
l'ordre, & parvint a être excellent Commiffaire à terrier
dans les vaftes domaines de la première princeffe du fang
de nos Ducs de Lorraine en France.

* J'écris
ce Mémoi-
re en Lor-
raine.

C

en exploitation ; il faifoit deux trous de vrille fur un petit blanchis dans le tronc des plus beaux arbres de réferves (hors de la vue des gens de bois) & toujours vers le même afpect du foleil , afin de fe reconnoître mieux : il en gardoit des notes fur un petit regiftre ; & s'appercevant bientôt des réferves frauduleufement abattues (19) , le mal ne manqua pas d'être prévenu.

N.° 20. Foffés de ceinture autour des bois communaux & domaniaux.

La néceffité de fe mettre à l'abri des ravages des beftiaux, que les anciens foreftiers s'accordent avec les modernes à déclarer de la plus pernicieufe conféquence, devroit faire exécuter l'ordonnance foreftière de 1669, pour des foffés de circonvalation autour des bois communaux & ufagers.

Ne seroit - il pas bien encore d'en agir de même pour les forêts domaniales ? Peut - on trouver un plus utile objet pour des ateliers de charité (20), fur-tout l'expérience prouve que fur les bermes de ces foffés la végétation des jeunes plants eft beaucoup plus vigoureufe & plus prompte qu'ailleurs ? On ne manqueroit

_____

(19) Il étoit notoire qu'auparavant certains adjudicataires avoient laiffé des arbres de 30 fols , en place des réfervés qui vaudroient à préfent 24 livres.

(20) Des dégradeurs de bois incorrigibles & fans moyen de payer l'amende , au lieu de trente jours de prifon oifive , ne devroient-ils pas être plutôt difpenfés de moitié , & travailler pour le bien de la forêt & la facilité des communications, comme je le propofe N.os 70 & 72. Feu M. Collin, cité note 15, applaudiffoit à cette idée & fit fortir, à ma prière, des dégradeurs détenus fur leur foumiffion de faire ces travaux pénitentiels & utiles.

donc pas de les en garnir : dans les lieux humides, j'ai fait planter fur ces revers des peupliers d'Italie, parce qu'étant bien émondés, ils caufent très-peu d'ombrage ; mais les peupliers noirs ou ypraux font bien meilleurs pour le dedans de nos édifices & pour la ménuiferie ; on affure même que ces derniers arbres ont le rare & intéreffant avantage de réuffir dans les lieux ombragés ; dès-lors on pourroit les joindre avec fuccès aux autres moyens que je confeille, pour remplir les places vuides fous les N.os V & VI.

Toutes ces mefures pour regarnir les endroits dégradés feront en partie rendues inutiles, fi l'abus prefque général continuoit, lorfqu'il y a lieu de mettre les porcs aux glands dans les bois. Ces animaux toujours avides, étant repus du fruit de nos chênes, cherchent une autre nourriture plus agréable dans les racines de jeunes plants qu'ils dévorent alors ou qu'ils font périr en les déterrant.

N.° 21. Attention à des porcs englandés.

Il eft donc effentiel de bannir ces animaux des jeunes taillis & des lifières de bois, lorfqu'il en faudra regarnir, comme j'ai dit, les places dégradées.

Mais ce feroit encore un inconvénient pour l'intérêt même du bois, d'empêcher ces mêmes porcs de parcourir les cantons où l'on vient de faire tout récemment des coupes de futaies, fi les chênes ou hêtres de réferve ont fourni l'automne des glands ou des faines (21), ils ne

N°. 22. Ces porcs font grand bien fitôt les coupes de futaies.

(21) La faine fur-tout fe deffèche très-vîte & perd fa faculté de germination ; il faut donc la femer d'abord

pourroient prendre racine fur des couches de feuilles dont la terre eft couverte, et ils deviendroient d'ailleurs pendant l'hiver la proie des oifeaux & des fouris : les porcs font alors les vrais laboureurs des bois ; en cherchant donc les fruits du hêtre, du chêne & les femences de charme, ils fouillent profondément la terre, & ces femences de hêtre, chêne & charme fe trouvent par-là mifes à même de fruċtifier : c'eft ainfi, Meffieurs, que du bon ou mauvais ufage d'une même chofe, on voit réfulter ou les plus grands biens ou les plus grands maux.

Nº. 23.
Abus des tendeurs aux fauterelles.

Une autre caufe très-minutieufe en apparence a concouru avec d'autres plus graves, à la dégradation des bois ; elle diminueroit encore les avantages du repeuplement dans les lifières où il y en a le plus de befoin ; c'eft à l'occafion des tendeurs aux oifeaux de paffage : le nombre en eft infini fur nos frontières, & prefque tous coupent indifféremment les jets des meilleurs effences pour faire des fauterelles* &

* Vers la Meufe & Mofelle, un piege aux oifeaux, s'appelle ainfi.

fe procurer des piquets, dont ces fortes de pièges font foutenus : je n'ai garde d'envier au peuple cette petite jouiffance ; il en réfulte un petit lucre particulier & une forte d'avantage

---

après fa récolte ou la tenir à la cave, encaiffée entre des lits de fable, comme je l'ai dit pour le gland : il en eft de même pour la plupart des femences d'arbres, notamment celle de frêne. Un célèbre Chymifte M. N., qui a tourné fes rares connoiffances au profit de l'agriculture, le fait comme moi. Je n'achève pas cette note. On peut louer collectivement une compagnie, mais non d'une manière nominative, en lui adreffant un mémoire, comme je me propofe d'offrir celui-ci à l'Académie de Nancy.

public, parce que les oiseaux que ces tendeurs prennent garniffent nos marchés : je ne propoferois donc que d'inférer dans le règlement dont il a été question au N.º 9, un ordre de ne fe fervir pour ces faterelles & leurs piquets que d'épines noires(22) & autres effences appelées mortbois, tels que le puant, le fréfillon, fauf encore à tolérer le oudrier, parce que les brins en jailliffent avec furabondance, & que toujours on les voit p²ir (23) avant la révolution des coupes de 30, 35 ans.

N°. 24. Leur tolérer certains mauvais bois.

Enfin, comme les bornes d'un Mémoire ne comportent pas que je m'étende d'une manière proportionnée à l'importance du fujet que j'y traite, & que ma feconde & troifième parties exigent plus de détails, je termine celle-ci par quelques obfervations au fujet des places charbonnières.

Dans beaucoup de forêts du pays, elles m'ont paru fouvent trop nombreufes (24), & quelquefoi placées trop près des jeunes arbres dont elles arrêtent la crûe en en brûlant l'é-

N°. 25. Trop de places charbonnières & mal placées.

---

(22) épine blanche doit être refpectée, vu qu'à la révolution des coupes, elle forme un bois dur, bon pour des manches d'outils, & fur-tout pour brûler.

(23) Aux environs de St. Mihiel, on tire un grand part des jeunes coudriers, pour des corbeilles & autres ouvrages, qu'on importe en hollande & bien plus loin.

(24) Les adjudicataires ne pourroient-ils pas faire une partie de leur charbon aux places incultes, près du bois ? la pouffière appelée phazin, eft un engrais précieux pour les chenevières & prés humides ; il refteroit affez de ce phazin dans le bois pour aider aux charbonniers à la révolution fuivante, quoiqu'alors on n'y faffe peut-être pas de charbon.

eorce : il faudroit donc en réduire une partie ; & enjoindre aux Gardes de la repeupler en bois par les méthodes indiquées ou qu'on verra sous le N.° 27, &c. On réuffira d'autant mieux, que le fol eft plus riche fur ces places : en compenfation de ce petit travail extraordinaire pour les Gardes (quoiqu'analogue à leur état), qu'on

N°. 26.
Permettre aux Gardes de femer moutardes, pavots dans les places à charbon.

leur permett , qu'on les invite même à femer dans ce places réfervées pour faire du charbon , au autres coupes, des moutardes du pays ou d'Amérique, ainfi que des pavots blancs qui réuffent alors à merveille ; quand les taillis parvers à trop de haureur, ne leur interceptent p les influences de l'air, &c.

Loin de voir de l'inconvénient à cette licence, j'y trouve au contraire bien de l'avantage. Mon Garde en a tiré plus de deux louis en une feule campagne c'eft un profit infolite, qui engage ceux à qu'on le permet, à faire de fréquentes vifites dans les taillis où il y a lieu, crainte que les beftiaune s'y échappent (25) : rien *de plus avantage* *fans doute*

_____

(25) Aujourd'hui dégagé du coftume anonyme pour rois me citer, & faire connoître que je fuis parve à préfervei mes taillis de tout dommage , par un m'en qui conduifoit par une autre route au but du bien p̄ lic & particulier, c'étoit d'y placer un chien préparé av des poifons innocens pour les hommes & les beftiaux, détaillés imparfaitement au Dict. de L. Rofier, Verbo Loup, qu'il tient de moi, dont il dit avoir oublié le nom. Les Pres craignoient, quoique fans raifon, pour leurs chiens, je fauvois mes bois, en faifant l'avantage général par la rue des loups, dont dix-fept furent retrouvés en un hiv

dans les petites comme dans les plus grandes
occasions, que de faire concourir l'intérêt person-
nel des agens de la chose, avec l'avantage évident
du maître à qui elle appartient.

SECONDE PARTIE.

Semis & plantation de bois.

Dans l'effrayante disette de bois de chauffe
& de service, qui nous menace, rien de mieux
que d'en encourager dans chaque Département
les semis & plantations. Qu'on y destine sur-
tout tant de terres ingrates ou de difficile ac-
cès (26) pour la charrue, qui ne rendent pas
au Fermier ou au Propriétaire faisant valoir,
ses frais de semences & de culture, ni sur-
tout le dédommagement des engrais qui souvent seroient si profitables ailleurs ; plusieurs

N°. 27.
Semis &
plantation
dans les
terres in-
grates.

à Aivau près Lygni, & des renards, dont mon garde
existant encore vers Clermont, en a recueilli cinq un matin, sur un seul cadavre de ces chiens.

(26) Ces côteaux sur-tout, où l'indiscrète ardeur de
tout défricher a donné lieu aux torrens d'enlever les terres, devroient être repeuplés, ne fut-ce que de genets qui
viennent très-vîte,& qui ont la propriété non-seulement de
raviver les terres, mais d'en former des couches neuves
de leurs siliques & des insectes que ces genets attirent.
M. de Salmon, cultivateur ardenois, conseille d'y joindre la semence de bouleau qui croît aux lieux les plus
stériles. J'ai oublié la demeure de ce bon citoyen, dont
j'ai vu le nom dans les Journaux de Bouillon, il y a six
à sept ans : il seroit très-intéressant de le consulter à ce
sujet.

ferreins de cette petite qualité exiftoient aux environs de Ste.-Menehould, près de l'Abbaye de Moirmont qui l'avoifine.

Différens Propriétaires les ont convertis en cantons de bois défendus par des foffés de 4 à 5 pieds, bientôt le fuccès a rempli & même furpaffé leur attente.

N°. 28.
Succès des plantations vers S.te Mene- hould.

Les uns ont planté à la charrue, entr'autres M. de Failly, à Fleurant, après trois cultures. La méthode, au furplus, eft détaillée dans plufieurs livres d'agriculture : celle que je n'y trouve pas, & dont j'ai parlé, N.° 6, fut exécutée il y a 8 ans, par M. Bonjour, de Vienne-la-Ville, & M. Deblée, de Sainte-Menhould ; l'effet m'en a paru d'abord moins brillant ; mais lors d'un fecond voyage (27), j'ai vu les places vides fe bien garnir ; d'ailleurs la manière eft plus économique des trois quarts. J'en ai fait ufage en deux ou trois contrées & avec fatisfaction, furtout par rapport au Bouleau &

(27) Il y a trois ans, quoique monté fur un cheval vigoureux, je ne pus franchir cette lifière de bouleau, plantée avec la méthode économique indiquée N.° 7 ; enfin mettant pied à terre, j'examinai l'intérieur de la plantation, qui m'étonna par fa beauté : il eût été heureux que les propriétaires euffent fu la méthode angloife pour les glands, rapportée au N°. 8 ; je fus fi content du fuccès, qu'ayant un enfant marié, je lui propofai un don annuel de 400 livres pour faire une femblable plantation dans des terres qui lui rendent au plus les frais de femences & de culture, & que je fais être très-propres pour le bois, en ayant planté il y a dix ans deux parties aux environs, mais qu'en mon abfence les bœufs ont ruinées.

Marſeau : il n'eſt pas néceſſaire dans ce cas que le terrein ſoit mis en culture, attendu que le plant ſeroit bientôt deſſéché dans ſa racine ; mais il eſt eſſentiel qu'un bon, foſſé mette le canton à l'abri de la dent redoutable des beſtiaux.

Comme les meilleures meſures ne ſont que trop de fois inſuffiſantes à cet égard, les deux derniers propriétaires dont il s'agit garnirent la berme de leurs foſſés tout en bouleau : l'amertume des feuilles en dégoûte les bœufs & les vaches ; d'ailleurs ce bois n'eſt point aſſez connu dans nos cantons (28), il contient des parties réſineuſes, ſur-tout près de ſa tige, & d'après pluſieurs épreuves, il eſt démontré qu'un pied cube de ce bois comparé à une même

N°. 29. Le bouleau dans les liſieres répugne au bétail.

———————————————————

(28) Il réſulte de pluſieurs expériences rapportées dans les Journaux & Gazettes d'Agriculture, que par des parties égales & comparées, le bouleau tient un des premiers rangs pour la chauffe ; je n'ai pas avec moi ces Journaux, ſans quoi je mettrois ſous les yeux de mes Lecteurs le réſultat de ces expériences en forme de tableau, qui m'ont paru très – curieuſes ; mais je vois dans la Gazette d'Agriculture, janvier 1774, folios 46 & 47, que la Société de Leipſic ayant demandé le rapport d'entre les différens bois pour la chauffe, M. de Veldenhaim a prouvé que le pied cube de ſaule pèſe 19 lots, celui de peupliers 12, l'aune 18, le hêtre 26. Les propriétaires des verreries de la forêt d'Argonne ont appris de leurs pères, le mérite de ce bois pour leur feu, ils en réſervent les troncs, qui contiennent le plus de ſubſtances réſineuſes. D'ailleurs on ſait que lors de la ſève, on tire de ce bois une eau très-bonne à boire, & dont j'ai uſé dans des chaſſes il y a bien long-temps. M. Roſier, au mot bouleau de ſon Dictionnaire, fait un grand éloge de cet arbre.

quantité de hêtre & de chêne, produit dans le fourneau une chauffe plus durable.

Une autre manière de femer le gland, & que j'ai vu parfaitement réuffir dans les terres les plus ingrates de la Sologne, eft d'y joindre un peu de feigle dont les tiges protègent les jeunes plants de chênes contre l'ardeur du foleil; après trois ou quatre ans on recèpe ce jeune taillis. J'ai été témoin chez MM. de Chamillard & de la Motte, paroiffe de Marfilly, à quatre lieues au midi d'Orléans, que des terres les unes fableufes, les autres d'un argile glaifeux & compacte, qui ne rapportoient prefque rien, offrent aujourd'hui de jeunes futaies magnifiques.

Rien donc ne feroit plus avantageux que d'encourager les femis & plantation de bois un peu en grand dans nos environs: y étant prefqu'inconnus, on rifque de n'y déterminer que bien peu de perfonnes, à moins de quelques primes d'encouragement: il feroit indifcret de propofer aux Adminiftrateurs de nos Départemens de les prendre fur les fonds laiffés à leur prudence; ils ont tant d'autres & très-impérieufes deftinations !

C'eft dans la chofe même où on peut trouver les fommes néceffaires à un emploi fi patriotique, fous quelque rapport qu'on le confidère; je voudrois donc que dans chaque Municipalité qui a des ventes annuelles de régale, & quelquefois des quarts de réferve en coupe, on établît, par la voie ordinaire du fcrutin, un particulier folvable & honnête fous le titre de caiffier des fonds deftinés au rétabliffement des bois. La caiffe ne pourroit-elle pas être formée,

1.º Des six deniers pour livre de toutes les ventes de futaies.

2.º Des amendes & dommages-intérêts prononcés au profit de la Communauté (29).

3.º D'une petite taxe du moins de moitié (30) de celle que les réformateurs des bois du Dauphiné ont établie, à la charge de ceux à qui on accorde des arbres à bâtir, ce qui ne va pas au dixième de leur valeur.

On conviendroit en communauté de la somme des primes d'encouragement pour ceux qui formeroient des bois en taillis & en arbres de hautes tiges, sans en exclure ceux qui en garniroient les lisières de leur terrein.

Pour les taillis, quand on ne donneroit que 6 liv. par arpent de mille toises quarrées, qui est celui de Bar, moitié en commençant l'ouvrage, le reste quand la Municipalité l'auroit fait reconnoître fini & en règle, nul doute que bien des propriétaires ne se déterminassent

Nº. 33. Gratification accordée à raison de la qualité des taillis.

---

(29) Par un abus qui, comme tant d'autres, tendoient à la ruine des bois, les dommages-intérêts pour dégradations dans ceux des communautés n'ont jamais eu d'application conforme à l'esprit de la loi.

(30) J'ai eu cet ouvrage, qui se vend à Grenoble, chez Faure; je le ne retrouve pas dans ce moment, je crois que chaque usager doit payer au profit de la paroisse 20 sous pour les chênes au-dessous de cinq pieds de tour, & 1 livres 16 sous pour ceux au-dessus. C'est bien peu de chose en comparaison du prix des arbres de service; d'ailleurs il n'est que trop commun de voir des propriétaires de maison qui obtiennent plus de bois qu'il ne leur en faut, je pourrois citer à cet égard des fraudes révoltantes : cette petite taxe diminuera peut-être les demandes relatives.

pour ce genre d'utilité publique & perſonnelle.

On les engageroit de même pour des plantations d'arbres de ſervice. Les peupliers blancs & noirs venans de boutures & très-vîte, un ſou par pied ſeroit ſuffiſant, avec le double pour les ormes, chênes ou freſnes, & le triple du moins les premières années, pour le faux accacia qui réunit deux propriétés qui paroiſſent incompatibles, celle d'une végétation infiniment rapide, & l'avantage de fournir un bois trèsbeau & ſouverainement durable.

Nº. 34.
Faux accacia & châtaigniers, importance de leur propagation.

Comme il vient de ſemences & qu'il eſt trèsdélicat, mais ſeulement dans le princ pe, M. M. les Chefs du Département, dont le zèle eſt ſi connu, ne pourroient-ils pas en favoriſer la propagation, ainſi que celle des châtaigniers dans les pépinières publiques, ſauf à renoncer à y avoir des plants qui viennent de boutures & dont chaque particulier peut ſi facilement ſe fournir?

Nº. 34 bis.
Plants d'accacia coupés en tête donnent une quantité très-conſidérable d'échalas pour les vignes.

On voit dans la Gazette d'Agriculture, *Janvier mil ſept cent ſoixante douze, qu'un canton de ce bois* & coupé en tête, donne en dix ans cinq coupes d'échalas, tandis que le chêne n'en donne qu'une, & que ces échalas tels que ceux de génevrier ne ſe pourriſſent pas en terre; le Rédacteur obſerve que rien ne convient mieux aux pays de vignobles, & qu'à quinze à vingt ans il fournit des poutres, planches, &c.

En doublant les primes propoſées pour les taillis, on pourroit faire naître des ſemis de châtaignes, elles réuſſiroient au mieux dans nos terres ſableuſes. J'ai vu aux environs de Paris, un Amateur qui avoit un clos de pareille terre, où nulle production ne venoit à bien; il

(29)

y a femé des châtaignes felon le procédé que
j'indique dans la note (31), il en réfulte
des taillis fuperbes qu'il coupe tous les fept
ans, & où je goûtai en 1788 la fraîcheur de
l'ombre : rien n'égale la bonté des cercles de
tonneaux qu'il en tire & dont il fournit les
vignerons de Surenne : il y trouve encore des
perches dès cet âge de fept ans, qui, fendues
& planées , procurent des treillages très-du-
rables pour les efpaliers ; nous facrifions fi im-
prudemment pour cela tant de jeunes tiges de
chênes qui nous fourniroient dans trente ou
quarante ans des arbres précieux pour nos édifices & la marine ! en laiffant quelque beaux
brins de châtaigniers dans les coupes pour fervir de baliveaux, on fe ménageroit encore une
reffource (32) bien importante pour fe pro-

N.º 36.
Succès pro-
digieux
d'un femis
de châ-
taignes
dans des
fables près
Verfailles.

N.º 37.
Châtai-
gniers de 7
ans, bons
pour les
treil-
lages d'ef-
paliers ce
qui épar-
gneroient
nos chênes.

(31) On ramaffe les plus mûres, rebutant celles qui
tombent les premières comme défectueufes, on les tient
à la cave, entre des couches de fable & encaiffées, crainte
des fouris ; on a eu la précaution d'ouvrir, à la fin de
l'été, des rigoles dans l'endroit deftiné à la plantation,
mêlant s'il eft poffible un peu d'argile, aux terres fableufes, où profpère cet arbre intéreffant. L'hiver on fera
bien de faire jeter la neige dans les rigoles, en février
ou mars, on les remplit de la terre qu'on en avoit ôtée &
qui a eu le temps de profiter du bénéfice de l'atmof-
phère, &c. Enfin on y plante les châtaignes environ à dix à
douze pouces de diftance ; fi ce fruit eft commun, on fera
bien d'en mettre deux de quatre à cinq pouces de diftance, on ne laiffe au bout de deux ans que le plus vigoureux jet ; l'autre peut fe replanter ailleurs s'il en vaut
la peine.
(32) Perfonne n'ignore que les charpentes de châtaigniers, préférables par leur durée à toutes les autres, ne
fouffrent même aucun infecte ; la Cathédrale de Rheims,
dont le comble en eft bâti depuis tant de fiècles, mon-

curer dans la fuite du merrin pour les tonneaux & des poutres pour nos édifices, indépendamment d'un fruit agréable & falubre.

S'il s'agit enfin de tirer parti des cantons remplis de roches & de cailloutages, & dès lors quafi infertiles, comme étoient les environs de Fontainebleau; il exifte à Paris un Citoyen lumineux & plein de zèle, appelé par le choix immédiat de Sa Majefté, à une première place de confiance; il a acclimaté dans fon jardin, près de Verfailles, des arbres réfineux, & fur fon avis, M. le Grand-Maître de l'Ifle de France en a fait garnir les rocs pellés de la forêt de Fontainebleau: le voyageur qui les avoit vus, il y a dix ans, dans une nudité fi trifte, a aujourd'hui l'œil agréablement flatté par une verdure toujours fubfiftante.

Cet excellent Citoyen infiniment défireux de propager le bénéfice de fes connoiffances précieufes dans le genre relatif à l'objet de ce Mémoire, fe feroit un plaifir de décider (33)

———————

tre tout à la fois & la durée de cet arbre, & fon exiftence dans les forêts voifines: que de terres fableufes dans les environs de Metz & Nancy, ne pourroit-on pas employer en taillis de châtaigniers pour y réferver enfuite des arbres de fervice; moins encore par la voie des baliveaux, qu'en laiffant des bouquets de châtaigniers, qui s'élevant tous enfemble comme les femis de chênes, cités au N.° 12, viennent infiniment mieux?

(33) M. Le Monier, ci-devant premier Médecin de Monfieur, Frère du Roi & occupant aujourd'hui la même place près de Sa Majefté, Citoyen qui réunit les vues les plus lumineufes à une noble modeftie & à la plus grande aménité.

M. Le Monier m'a permis l'honneur d'une relatio

ſi les terreins de nos pépinières nationales ſont propres à la prompte végétation de ces arbres.

Mais un moyen, Meſſieurs, auſſi efficace que les primes pécuniaires, pour l'encouragement des ſemis & plantations de bois parmi nous, ce ſeroit une protection annoncée en leur faveur de la part de MM. les Membres des Départemens, des Diſtricts & des Municipalités.

Je croirois donc que tout ſpéculateur à cet égard, devroit être admis à préſenter un mémoire pour parvenir ſans frais à des échanges de terreins, à charge de les deſtiner ſans retard à ces ſemis & plantations dont nous parlons.

N°. 39. Diſpenſe de frais d'échange pour ceux qui plantent des bois à reſtituer.

Ces mémoires favorablement apoſtillés des Officiers Municipaux, (outre la ſoumiſſion de ſemer & planter en bois avec clôture), contiendroient celle d'acquitter les droits dont on ſeroit diſpenſé, encas qu'à l'avenir ce même terrein fût mis en culture ordinaire.

N'en devroit-il pas être de même des Municipalités qui, à la majorité des voix, voudroient réunir des terres par acquiſition ou échange dans la vûe de l'utile deſtination qu'on vient de voir?

A ces diverſes meſures, pour tâcher de rem-

N°. 40. Plantations propres au local autour des biens communaux.

---

avec lui pour des objets d'agriculture, & déja m'a fait part de quelques articles de ſon jardin, qu'on peut véritablement nommer patriotique; il y a propagé même des graines, moins les arbres curieux que ceux d'une utilité eſſentielle & encore inconnue parmi nous; je préſume que pluſieurs eſpèces ſont propres au local de la pépinière de Nancy, on pourroit d'ailleurs, en plantant par rigoles relever le terrein aux endroits néceſſaires.

plit un trifte déficit que les circonftances ont caufé dans nos forêts, il s'agit encore de joindre des plantations nombreufes d'arbres propres au local humide ou fec autour des pâtis & aifances communales.

Sur-tout les grands chemins de nos Départemens défendus par des foffés de droit & de gauche, ne devroient-ils pas être inceffamment garnis d'arbres adaptés à la nature de leur différent fol ?

N°. 41.
Bermes des routes, les garnir d'arbres.
Divers avantages qui en réfultent.

Mais prefque toujours un écart de la charrue ou trop de fois la malveillance des Propriétaires ou Fermiers dont les terreins aboutiffent fur l'extérieur du foffé, font périr ces arbres: en les plaçant au contraire fur le milieu de la berme intérieure du foffé de la route (34), perfonne n'a rien à fouffrir ni à dire. L'arbre établi dans un lieu d'immunité (fi j'ofe parler ainfi) aura encore un autre avantage de fituation : les eaux enrichies par des portions falines & graffes qui émanent des boues de la route & des déjections d'animaux qui la fréquentent, peuvent tout à la fois rafraîchir & amender les terres où l'on plantera ces mêmes arbres.

Lors des nuits obfcures, & fur-tout des grandes neiges, ne ferviront-ils pas d'une ligne continue de reconnoiffance (comme des balifes dans une eau dangereufe) pour avifer à ce que les voyageurs, fur-tout à pied & en voiture,

---

(34) Depuis la compofition de ce Mémoire, j'ai été charmé en lifant la Defcription de la Lorraine, par M. Durival, de voir que ce judicieux auteur étoit de même avis que moi pour planter les arbres fur les routes dans ces bermes.

ne fe jettent dans les foffés de la route oùils pourroient périr (35) lorfqu'ils font comblés par les neiges quelquefois fi confidérables dans notre voifinage des Vofges.

Je m'arrête, Meffieurs, après ces notices de femis & plantations de toutes les fortes, & j'en foumets les vues à la fupériorité des vôtres. Mais il ne vous échappera pas qu'à moins de bonnes clôtures ; les beftiaux ruineroient bien vîte les patriotiques travaux que je propofe.

Il s'agit de parvenir au but fans grandes dépenfes ; & comme les terreins à convertir en bois font de peu de valeur, on ne craint pas d'en facrifier un peu pour des foffés capables d'empêcher que le bétail ne les franchiffe.

N°. 42.
Néceffité de clore les cantons à mettre en bois.

J'en ai fait faire de femblables, & pour en diminuer la dépenfe on commençoit d'abord à ouvrir le terrein avec des charrues fortement attelées & repaffant plufieurs fois du même fens pour rejetter la terre en dedans.

On achevoit enfuite, au moyen de la pêle & de la bêche, en laiffant plus de talus(36) dans le côté intérieur, alors on peut le garnir à un pied

N.° 43.
Foffés peu profonds garnis de ronces.

(35) Parmi un trop grand nombre d'exemples qu'on pourroit citer à cet égard, on déplore fur-tout le fatal accident qu'éprouva M. le Marquis de Boufflers, il y a quelques années dans un hiver fort rigoureux.

(36) En creufant ces foffés qu'on ne néglige pas, comme on a fait prefque par-tout dans ce pays, de laiffer au moins dix-huit pouces de diftance entre l'amas des terres excavées du foffé, & fon bord extérieur, fans cela ces terres s'éboulent d'abord que les neiges fuccèdent aux pluies, & le foffé en peu de temps eft en partie rempli. Une autre précaution à prendre quand on les forme,

D

de diſtance par des plants enracinés de ronces qu'on trouve par-tout. L'année d'enſuite il en réſulte une barrière qui, jointe à l'obſtacle du foſſé, rend le ſemis ou la plantation à l'abri des inſultes du bétail de toutes les ſortes. L'intérieur doit de préférence ſe garnir, comme je l'ai déjà dit N.° 26, avec du bouleau (37) que les bœufs & vaches n'attaquent point, & il viendra parfaitement dans des terres de grande profondeur & rapportées comme celles-là.

Si le terrein eſt pierreux, alors l'excavation des foſſés pourroit coûter très-cher, on pourra donc former des clôtures économiques en tirant, l'automne précédent, des royes de charrues dont on ameublira la terre, & ſi on peut ſe procurer des poires champêtres, on en fait un cidre avec les procédés ordinaires, dont le détail me feroit ſortir de mon ſujet.

---

eſt de faire paſſer la charrue ſur environ neuf pieds de largeur en-dedans du clos à établir, cela ſe fait ſans dépenſe, vu que la charrue qui forme la première ouverture, comme j'ai dit, fait cette culture en revenant pour tirer de nouvelles royes dans le foſſé, rejettant toujours les terres du même côté. Il en réſulte deux avantages :

1.° Le terrein cultivé ſous l'amas des terres rend la végétation des arbres qu'on y place encore plus brillante.

2.° En retournant les gazons ſous la berme, on relève d'autant le terrein, & c'eſt un obſtacle de plus pour empêcher que les beſtiaux ne le franchiſſent.

(37) Il eſt encore un ſemis bien intéreſſant auquel les beſtiaux répugnent, c'eſt celui de ſapin ou pin ; j'en ai fait faire dans une métairie au-delà de Bordeaux un qui étoit à mes enfans du fait de leur mère ; en allant en prendre poſſeſſion, je vis pluſieurs taillis de châtaigniers & très-baux, ceux que j'obſervai au retour, chez un parent en Sologne, dont j'ai parlé N°. 30, étoient encore plus ſu.

On en réserve les mares (38) & au temps convenable on remet dans le fossé les terres retournées à la charrue : on y en ajoute quelques brouettées d'autres, s'il est besoin, pour y semer une partie de ces mêmes mares, elles contiennent une infinité de pépins dont on voit jaillir en très-peu de temps une forêt de sujets épineux, on peut en ôter beaucoup pour servir aux pépinières & le reste forme à très-peu de frais une clôture impénétrable.

La Gazette d'Agriculture, du 5 septembre 1772, annonce qu'en Bavière où l'acacia est venu de Philadelphie, on en forme en peu de temps des haies si épaisses que le plus petit oiseau ne peut s'y glisser : on sème la graine sur place, en rigole, à trois pouces de distance entre les grains. Les recouvrant la première année de paille ou de feuilles, à deux ans il a acquit une belle hauteur & ses jets sont armés de pointes redoutables aux animaux.

N°. 44 bis. Haies, d'acacias en Bavière redoutables aux bestiaux.

Une autre manière que j'ai vu pratiquer avec le plus grand succès dans le Perche, consiste à ouvrir des royes à la charrue servie d'un puis-

N°. 45. Haies à bas prix & qui donnent tous les 7 ans du bois de chauffe avec des marseaux.

---

perbes, & au point que je ne pus y pénétrer : les terres sablonneuses néanmoins n'y produisent que des seigles & sarrasins ; quant aux semis de sapin, j'ai oui dire à un habile forestier, qui est chargé de la visite des forêts de Corse, qu'on lui conseilloit de faire tuer les chèvres comme en Languedoc, sous prétexte de leur dégât dans les sapinières : il fit jeûner un de ses animaux à qui on présenta des rameaux de sapin auxquels il ne voulut pas toucher, il se concilia par ce moyen, l'amitié des villages Corses.

(38) Si le vin vieux est cher, qu'on fasse de ces poires sauvages un cidre, fermenté avec des mares de raisins, on sera surpris de sa qualité

fant attelage ; repaffant deux ou trois fois dans le même fens, on divife un peu à la pioche les gafons que la charrue renverfe, la gelée & les neiges font le refte : en mars on rameublit rapidement les terres de la berme à moitié formée, & on couche fur fon travers les plus beaux & les plus longs jets d'un an de marfeau, l'extrêmité fupérieure dirigée en dedans du terrein en clôture : on recharge cette berme d'un pied de terre prife au fond & fur les côtés du foffé fait à la charrue, & devance comme je viens de dire : on coupe ces marfeaux à trois yeux hors de terre, & ceux qui font ainfi enfouis produifent autant de racines qui donnent lieu bien vîte à des jets pleins de force.

N.° 46.
Exemple du profit de ces haies, pris de bel-lème, leur utilité pour des abeilles.

J'ai vu chez un célèbre Cultivateur, près de Bellème, plufieurs terreins de quarante à cinquante arpens fermés de cette manière (39). Le digne Citoyen à qui ils appartenoient, m'affura que c'étoit la coutume du pays, & que tous les fept à huit ans, il en tiroit de très-bons & abondans bois de chauffage : j'en ai fait faire chez moi d'excellens paiffeaux pour les vignes (40), ils fe pourriffent peu dans la

---

(39) M. Guerrier, ci-devant Ecuyer du Roi; il entretenoit un fuperbe harras, dont S. M. a tiré plufieurs chevaux de chaffe, avec le feul fain-foin verd & fec.

(40) J'ai l'expérience de la bonté de ces paiffeaux; on les bonifie fur-tout en les écorçant fitôt la coupe, pour les expofer au foleil. La sève répercutée les durcit ; mais il faut en contenir les bottes avec de bons liens, pour qu'ils ne fe déjettent pas ; puis on les brûle d'un pied au

terre ; les laborieux individus d'une famille de très-honnêtes Citoyens, près de Verdun, qui possèdent de pères en fils l'art de tirer les plus grands avantages des abeilles (41) m'ont af-furé que les chatons de ces marseaux précé-dant toutes les autres fleurs, il en résulte pour ces mêmes abeilles une nourriture tout à la fois précoce, substancielle est très-salubre.

On pourroit entre ces sortes de marcottes mettre quelques beaux plants enracinés d'épines blanches pour y greffer des neffles, sur-tout de l'espèce qui en fournit de très-grosses & sans pepins (42), ça a été long-temps mon usage. Peu d'arbres greffés produisent plus vîte d'ail-leurs le fruit, convoité moins que tout autre par les passans, donne lieu avec quelques addi-tions, à une boisson pour les gens de campa-gne, qui n'est ni mal-saine ni désagréable.

J'ai vu encore à Clermont un Amateur d'A-griculture qui, ayant formé de grands clos

N°. 47. Neffliers dans les haies du Marseau, donnent un fruit utile et non sujet au pillage.

N.° 48. Succès vers Clermont des clôtures avec du jonc marin en-tremêlé d'épines.

---

bas, sur-tout les ôtant de terre en octobre ; qu'on les mette la pointe en haut, l'eau & la neige coulent, le maître s'en trouve bien, & les forêts encore mieux ; mais le vigneron n'a pas tant de débris pour son feu : c'est ainsi que dans les petites comme les grandes choses, les cupides spéculations de leurs agens sont si préjudiciables aux propriétaires.

(41) L'éducation mieux entendue des mouches à miel, est un genre de bien public & particulier, si intéressant qu'on ne sauroit trop multiplier les plants de marsaux comme je l'ai fait chez moi, sur le conseil des sieurs Robinet dont je parle.

(42) J'ai tiré d'une épine ainsi greffée 40 sous d'une récolte, c'étoit dans la haie d'un de mes clos, & dès-

avec des joncs marins (43), a oppofé bien vîte
au bétail une barrière hériffée de pointes redoutables ; il eft vrai que dans les hivers rigoureux une partie de ces joncs eft périe, comme le genet de nos forêts, mais bientôt les
racines reproduifent ; d'ailleurs ne pourroit-
on pas entremêler ce femis avec des plants
enracinés de rofiers fauvages , dont les jets fi
nombreux & d'une très-grande longueur étant
repliés de droite & de gauche, en impofent
au bétail ?

N.° 49.
Ces diffé-
rentes clô-
tures peu
coûteufes
doivent fai-
re profcrire
celles où on
emploie du
bois de fer-
vice.

Au furplus, de quelque manière qu'on pratique les clôtures, il faut foit pour diminuer
la dépenfe, foit pour ne pas contribuer à la
ruine de nos bois actuels, s'abftenir d'y employer des poteaux avec des liffes de chênes(44)
qui ont occafionné une forte confommation
& de grandes dégradations depuis l'édit en faveur des clôtures qui a paru trop illimité à
beaucoup de cultivateurs de ma connoiffance.

---

lors j'ai multiplié ces greffes. C'eft le moyen de fe dédommager bien vîte de la dépenfe d'une clôture de cette
efpèce.

(43) M. Miquet de Clermont a de grands clos ainfi
fermés de joncs marins, avec des foffés garnis de peupliers très-épais , du côté du nord & fort efpacés , vers
le levant & le midi. J'ai vu, il y a cinq ans, de ces haies,
fur la route vis-à-vis Frouard, de durs hyvers les ont fait
périr.

(44) Ces clôtures ruinent les bois ; & les dégradeurs
vont couper des balivaux qu'ils vendent pour des liffes. En
1771 les Etats de Bourgogne obtinrent que les droits
pour des échanges de terres propres à éclore, ne feroient que de quinze fous, quelque foit l'étendue , il fau-
droit-ne l'accorder que fur foumiffion de clore avec des
haies ou foffés.

TROISIEME PARTIE.

Vues pour aviser aux dégradations ultérieures des forêts.

En vain, Messieurs, verrons-nous déployer tous les moyens que je propose dans ce Mémoire pour repeupler les bois dégradés & en former même de nouveaux cantons, si l'on ne prend de bonnes mesures pour en imposer à ceux qui se sont fait un fatale habitude de leur ruine.

Quand les digues ordinaires ne suffisent pas pour arrêter le désastreux effet d'un torrent redoutable, le seul parti à prendre, n'est-ce pas de lui en opposer de nouvelles ? il me semble que le meilleur & le plus économique moyen pour cela, seroit de donner à chaque *individu de la Gendarmerie nationale, le titre de conservateurs particuliers des forêts,* si celui de *Gardes généraux AUXILIAIRES* pouvoit leur répugner.

Au reste, le mot ne fait rien à la chose, & j'avance à son appui l'exemple de trois maîtrises du Clermontois, où les dégradations étoient portées en tous genres à leur comble : on n'a pu y remédier que par la voie que je propose, en y joignant la commission d'inspecteur (45) général extraordinaire donnée à une personne intelligente & active.

Marginal notes:

N.º 50. Nécessité d'aviser par de nouvelles mesures à la dégradation des bois.

N.º 51. Grand moyen de sauver les bois c'est de les faire surveiller par la Gendarmerie nouvelle.

N.º 52. Etablir en commission un Inspecteur général des bois pour chaque Département.

---

(45) Il y a trente ans, on avoit au Clermontois des

On fait que les délinquans, de toutes fortes, redoutent plus deux Cavaliers de Maréchauffée que dix gardes : la nouvelle formation leur en imposera encore davantage.

Pour l'ordinaire ces derniers ont des petites propriétés, & une famille près des lieux, où les délits s'opèrent.

Menacés journellement, ils craignent qu'on ne les affomme ou qu'on ne ruine les foibles objets de leur fortune. Des époufes & des filles partagent fur-tout cette terreur, & j'ai l'expérience, que plufieurs fois elles s'oppofent par leurs larmes & même leurs cris à des courfes de nuit (46) que j'ai employé comme le feul moyen d'arrêter des dégradations très-confidérables.

Quant aux gardes des forêts domaniales, bornés en Lorraine au chétif falaire de 18 livres par an, pouvoient-ils y voir dans ce traitement le moindre aiguillon à leur zèle ?

Les foreftiers des communautés faifant l'office à leur tour & fans aucuns gages, l'infou-

N.° 53, Les délinquans craignent plus à la campagne & au bois deux Cavaliers de Maréchauffée que dix Gardes.

N.° 54, Les Gardes de bois craignent les voleurs de bois.

N.° 55, Veilles de nuit, feul moyen de remédier aux dégradations.

N.° 56, Salaire trop chétif des Gardes, leur ôtent toute émulation.

Officiers d'eaux & forêts zélés, cependant cette portion de bien fi précieufe périffoit, le Prince qui y étoit au droit des Ducs de Lorraine, chargea un Officier retiré, (l'Auteur de ce Mémoire) propriétaire de beaux bois, de faire un plan pour les rétablir. Il le fit, confeillant fur-tout cet Infpecteur général, M. Marecholix fut nommé, & depuis ce temps, & fans voie de rigueur le mal eft réparé.

(46) Au premier afpect, ces veilles de nuit femblent périlleufes, mais l'expérience de trente ans, me montre qu'il n'en eft réfulté aucunes voies de fait. La façon de faire à cet égard le bien, fans s'expofer à des querelles, exige trop de détail, & j'en ferai l'objet d'un Ouvrage plus étendu fur cette matière.

ciance eſt le moindre abus ; je pourrois en citer de bien plus graves.

Peut-on voir une *formation auſſi vicieuſe* ? Il ſe peut qu'elle ſuffiſoit dans les temps antiques où les bois étoient communs & les infidélités plus rares, mais ils ſont changés ces temps anciens. *les Officiers des eaux & forêts ont fait à cet égard, mais toujours ſans fruit, des repré-ſentations itératives.*

N.º 57. LesOfficiers de Maîtriſe ont réclamé, mais ſans ſuccès, contre le défaut de payement des Gardes.

Qu'auroit pu faire l'homme le plus zélé à leur place ? opéra-t-on jamais le bien lorſque tous les moyens manquent ?

Les Cavaliers des brigades du Clermontois, & qui y font le ſervice de maréchauſſée, après des courſes ſur les grandes routes, reviennent par les bois & les traverſes: ne peuvent-ils pas ſurpendre alors, & bien plutôt un malfaiteur, ſur un ſentier détourné, que ſur un chemin public ?

N.º 58. Succès de la ſurveillance des Cavaliers de main forte dans le Clermontois quand aux forêts.

Il en eſt deux à Clermont, les ſieurs Champagne & Lanoue : le premier a un regiſtre de 34 ans, où ſont inſcrit *ſix cents rapports* au Greffe, dont pluſieurs de nuit. L'autre ne s'eſt guerre moins diſtingué dans ce genre de ſervice, ſans qu'il ait pu nuire en rien aux autres objets de bon ordre & de ſûreté publics confiés à ces deux bons & anciens ſerviteurs.

N.º 59. Le ſieur Champagne, l'un de ces Cavaliers à Clermont, en 34 ans a fait 600 rapports au greffe.

Avant leur ſurveillance & celle de leurs confrères (47), par rapport aux bois, ils

(47) Il eſt ſans doute dans le Clermontois des gardes, à pied, plein de zèle. Celui qui en a concilié le mieux les effets avec une probité & ſobriété exacte, eſt à Cler-

étoient, je le répète, le théâtre des dégradations les plus incroyables : qu'on en juge par ces deux faits que je prends au milieu de plusieurs autres.

N.° 60.
Son service
est celui du
Sr. Lanoue :
les autres
objets de sûreté publique n'en a
pas été
moins actif.

En un seul hiver, d'environ cinq mille arbres de réserve comptés en automne à une lieue de Clermont, (48) 3600 *au-moins* furent coupés, & la plûpart à hauteur de ceinture, par des délinquans, en moins de six mois.

Un adjudicataire vit en moins de temps commettre, par ses ouvriers, des délits dont l'amende s'éleva à près de 23000 livres : alors les Gardes à pied n'étoient guerre mieux gagés dans le Clermontois qu'ils ne le sont aujourd'hui dans la Lorraine.

On leur a donné des salaires honnêtes, & soutenus par les Cavaliers servans de Maréchaussée, sur-tout pour les embuscades de nuit ; le meilleur ordre a succédé bientôt au mépris de toutes les règles : il a y peu de temps qu'un Maître particulier de ce pays, m'assura que depuis plusieurs années, il n'y avoit pas vu dans sa Maîtrise un seul chêne pillé.*

*M. Henry,
Maître
particulier.
V. Le Supplément.

Il est vrai que le mal tenant parmi nous à de plus fortes racines depuis dix-huit mois ; il faudra peut-être renforcer les moyens ,

mont, il s'appelle Gaillot dit Fleuri : les forêts intéressant le bien général de l'Etat & celui des Départemens, en particulier, oseroit-on proposer à leurs administrateurs d'avancer un sujet pareil ?

(48) Le fait est notoire & me fut attesté dans le temps par M. le Chev. de Solages, à présent Officier général, & M. son beau-Père, demeurant au Neufour, près de cette forêt dégradée.

fur-tout quand il s'en préfente une occafion également économique & facile ; il s'agiroit des Vétérans foldés & qui furabondent dans nos campagnes : payés par la nation , *ces braves gens ne demandent pas mieux que de la fervir* , & je fais de tous ceux que j'ai eu occafion de voir que la confervation des bois dont ils connoiffent les dégradation, leur paroît la meilleure manière de faire éclater leur zèle. Qui empêche donc de leur faire prêter (& en commun pour éviter les frais) le ferment légal qui les rendroit capables de faire des rapports au Greffe ?

N.° 61.
Les Vétérans foldés dans les villages peuvent aider à y garder les bois par le seul quart aux amendes.

Sans exiger d'eux aucun fervice affujetiffant , accoutumés à la vie active , les courfes font une forte de befoin pour la plupart d'entre eux , & dès-lors ne peuvent-ils pas trouver mille occafions de conftater , non-feulement, les délits de bois, mais encore tous ceux qui intéreffent l'ordre public , d'après ce que les Municipalités jugeroient à propos de leur prefcrire ?

On les armeroit pour cela (& à bien bon compte) d'un court moufqueton (49) & d'une longue bayonnette , & ce qui ne concourroit pas moins à leur fûreté , *ce feroit des mefures de prudence par rapport à l'armement des Peuples.*

____

(49) Cette arme moins légère & moins embarraffante que les fufils, exifte dans nos arfenaux, dont-on n'a tiré que des fufils de troupes ordinaires , il y a eu tant de moufquetons réformés, après nos guerres , dans les Corps de Cavalerie & Huffards , &c.

En cas d'attroupement de dégradeurs de bois, ces Vétérans seroient tenus de prêter main-forte aux Gardes du canton, sur une carte imprimée & que rempliroit le Syndic ou le Procureur de la Commune, sous un salaire raisonnable pour les courses de jour, & qui augmenteroit lors des veilles de nuit, indépendamment de la part aux amendes & confiscations que les loix autorisent.

En cas de besoin & sous la même rétribution, ils renforceroient le service des individus de la Gendarmerie nouvelle; s'il est à présumer que les occasions en seroient rares, nul doute au moins qu'ils ne puissent souvent rendre des comptes utiles de ce qui peut intéresser l'ordre dans les Communautés villageoises.

Les Propriétaires des bois dont les Gardes sont si souvent foibles, pour ne pas dire pusillanimes, pourroient réquérir l'assistance de ces braves militaires, en payant ce qui seroit réglé par l'administration : on auroit un contrôle de ceux qui se sentent encore assez de vigueur pour servir de main-forte aux Gardes ordinaires de bois, dans les embuscades de nuit : c'est le plus sûr moyen de reconnoître (& ce qui vaut bien mieux de prévenir) les grandes dégradations : que les juges de mon travail daignent s'en convaincre d'après les choses de fait rapportés N°. 60.

Quant aux Gardes des forêts nationales, le moment presse de leur donner des salaires calqués sur le service que l'on en exigera : s'ils doivent consommer à peu-près tout leur temps; il leur faut huit à dix louis de fixe outre leur

part aux amendes, mais pour l'ordinaire, pouvant travailler pour le moins un quart de l'année chez eux, on pourroit ne leur donner que
six à sept louis, c'est ce qui fut réglé il y a
vingt-huit à trente ans pour le Clermontois,
qu'on peut citer à bien des égards pour un mo-
dèle de bon régime forestier.

Au lieu du tiers dans les amendes que les
loix de Lorraine leur accordent, je les rédui-
rois au sixième (50) & pareille portion seroit
en réserve pour gratifier annuellement ceux
qui feroient mieux leur devoir : un Garde qui
par son exactitude vigilante prévient les délits, ne
mérite-t-il pas autant une gratification que celui
qui par ses rapports au Greffe les constate (51)?

Sur-tout qu'ils soient institués par brigades
& demi-Brigades : outre que le titre, & vingt-
quatre liv. de plus aux uns, & douze pour les
autres, ne peuvent qu'être un objet d'émulation,
n'est-il pas plus aisé de sentir que dans l'état
actuel des choses, où chaque Garde ne con-
noît aucun supérieur dans ses égaux, s'il y a
une occasion périlleuse, l'homme *pusillanime*
abandonne, l'homme *ferme* dans le besoin, on
refuse de le suivre?

N.º 65.
Au lieu
d'un tiers
dans les
amendes,
ne leur
en donner
qu'un si-
xième des-
tinant le
reste pour
des gratifi-
cations.

N.º 66.
Les mettre
par Briga-
des ou de-
mi-Briga-
des pour
qu'ils ayent
un supé-
rieur, afin
de les faire
agir au
besoin.

___

(50) Une aussi forte part aux amendes & qui en Lorraine va souvent à un & demi, est une trop forte tenta-
tion pour la foiblesse de quelques cœurs humains.

(51) Les sieurs Chamagne & la Noue, ainsi que le
sieur Fleur, que je cite comme les plus excellens
gardes, n'ont jamais eu que des gratifications & jamais
de part fixe aux amendes : c'est beaucoup tenter la foiblesse du cœur humain : je sais des faux rapports au
Greffe que cette association au profit des amendes a trop
de fois provoqué.

Je voudrois encore que tous ces Gardes ne fuſſent retenus que pour cinq ans (52) au lieu de l'être pour la vie, ce qui eſt un abus très-grave.

En cas de bon ſervice, peut-on rien faire de mieux que de les continuer? s'ils prévariquent, leur expulſion devient plus honteuſe: enfin s'ils ont ſervi mollement, on ne rafraîchira pas leur commiſſion : la crainte d'être dans ce cas les attacheroit bien plus à leur devoir : alors s'ils y ont vieillis, la nation leur doit quelque petite retraite au moment du déclin de l'âge, où l'on voit un zélé ſerviteur amérement gémir de ce que ſes forces ne répondent plus à ſa volonté : mais le ſervice n'étant plus ſi rude que dans ce moment de pillage, & ne leur reſtant ſelon toute apparence, que peu de temps à vivre : un ſucceſſeur pourroit ſubir la *retenue du cinquième de ſes gages* pour une douceur de plus à l'homme caduc qu'il remplace ; la certitude que s'il remplit en homme de bien ſa carrière, il jouira du même avantage dans l'hiver de ſon âge, le feroit applaudir à cet arrangement de juſtice, il a eu lieu pour le Sr. Champagne, cité N.° 59.

Les choſes ainſi réglées, tout donne lieu de croire, (& les faits cités au N.os 54 & 55 viennent à l'appui) tout, dis-je, donne lieu d'eſpérer que les dégradations ultérieures ſeront du moins en partie réprimées ou prévenues.

---

(52) Tous les bons Officiers à qui j'ai fait part de cette idée l'applaudiſſent.

Cependant outre les Officiers actuels ou futurs, l'Inspecteur extraordinaire dont j'ai parlé pour le Clermontois au N.º 16 , & que je propose de généraliser dans chaque Département (43) , doit regarder comme une indispensable obligation de son état des récollemens par répétitions.

C'est alors que sans être attendu ni embarrassé des prévenances des gros adjudicataires, il verroit par lui-même sur le parterre des coupes de taillis, si les bestiaux ne les abroutissent pas, si la quantité & la valeur des baliveaux sont bien en règle ?

Quant aux ventes de futaies, qu'il observe sur-tout si les arbres de réserve sont bien choisis, si les Gardes ont pris de bonnes mesures pour que l'on n'en substitue point de mauvais aux bons. Il observera que les places vides soient repeuplées d'après le principe que j'ai posé aux N.ºs 4 & 5 , il verra par l'inspection des places où l'on a fait du feu, si les Pâtres & Bucherons ou autres personnes inconsidérées ne mettent pas la forêt en péril d'incendie. L'arrêt du Conseil rendu sur le procès-verbal des réformations de Bretagne, prononce la peine de mort pour les récidives.

---

(53) Ne conviendroit-il pas d'établir de plus un Inspecteur extraordinaire pour trois ou quatre Départemens, qui feroit toutes les années une visite générale dans les forêts, dont la surveillance lui seroit confiée , & combineroit avec les Officiers ordinaires les mesures à prendre pour assurer la conservation d'une aussi précieuse portion des propriétés que celle des bois?

Soyons moins rigoureux dans le droit & plus exact dans le fait.

Après ces points importans ; cet Inspecteur portera son attention sur d'autres articles moindres en apparence mais qu'il ne doit pas négliger. Il recueillera donc des notes, non-seulment sur l'activité, mais encore sur les mœurs des Gardes, ayant pour cela un petit registre secret : il s'informera si ces Gardes mènent avec eux des *chiens* courans ou autres (53), donnant sur le gibier, abus très - ordinaires & qui mettent les délinquans à même de juger par la voix du chien, que le maître est à portée, cela les engage à commettre & impunément des dégradations ailleurs.

Il éloignera ces Gardes du goût de la chasse, & même de celui de l'affut (54) qui en paroît le genre le moins dangereux pour le bien de la forêt.

N.° 71. Eloignera les Gardes du goût de la chasse & sur-tout du cabaret.

Sur-tout il ne cessera pas de déclamer contre les Gardes ivrognes ; qui étant hors d'état de faire le bien ne font que trop capables de prévariquer de toutes les manières.

Cet intéressant fonctionnaire portera un coup d'œil très-attentif (je le répète encore) sur les taillis dont la dent des bœufs & vaches

---

(53) On ne sauroit croire les inconvéniens que j'ai vu résulter de cet abus de la part des gardes chasses.

(54) Les affuteurs se postent à la rive des bois, vis-à-vis desquels il y a des grains & sur-tout des orges que le lièvre va manger : les dégradeurs de bois vont le matin à fond de forêt, ou vis-à-vis les jachères, quand ils savent les gardes sujets d'aller à l'affut, ce qui leur est ordinaire.

caufa

causa toujours la ruine. Les moutons n'y sont
pas moins dangereux : le seul suin qui distille
de leurs pores est une sorte de poison pour
les jeunes arbres qui s'en trouvent imprégnés :
rarement ils entrent dans l'intérieur des forêts,
mais trop de fois ils en fréquentent & perdent
les rives.

Son coup-d'œil se doit porter encore sur
les places charbonnières : souvent trop multipliées , & quelquefois trop près des jeunes
arbres, la chaleur qui émane des fourneaux,
en brûle alors l'écorce, comme je l'ai dit au
N°. 22.

N°. 72. Autre de-
voir de ce fonc-
tionnaire intéressant

Le reste des détails relatifs à la mission de
ces Inspecteurs extraordinaires me feroit ex-
céder les bornes d'un Mémoire (1) : il me reste
à y traiter l'objet le plus capable d'affecter
désagréablement l'ame d'un citoyen sensible.

Il s'agit des amendes & peines dont il faut
punir les délinquans : si l'on réfléchit, que la
violation faite avec dessein prémédité des choses
les plus utiles & exposées à la foi publique est un
crime, que les Romains malgré leur humanité
prétendue punissoient, avec la dernière sévérité,
même de la mort, suivant Columelle; c'est trop,
mais des travaux dans les forêts devroient être
prononcés. On conçoit que sans des peines très-
imposantes contre ceux qui les dégradent,
on ne peut sauver d'une ruine inévitable,
cette portion précieuse de nos propriétés
nationales & particulières. J'espère néanmoins,
Messieurs, vous convaincre, que sans aggra-
ver, sans épuiser même la mesure des châti-

N.o 73. La puni-
tion des voleurs de
bois, doit porter sur
leur amour propre
comme sur leur bourse

(1) Je traiterai cet article en détail & celui des Gardes en un ouvrage particulier.

E

mens édictés par nos Rois de France ou nos anciens Ducs ; le fage Charles III , le judicieux, le bienfaifant Léopold , on pourroit atteindre au but, avec quelque différence feulement dans la route qui doit y conduire

Il s'agiroit donc d'attaquer les délinquans du côté de la bourfe & de l'amour-propre.

Ne voit-on pas régner cette dernière paffion fous la burre groffière qui couvre un villageois même indigent , comme fous le coftume recherché des citoyens les plus riches.

N.º 74. Les amendes actuelles fans proportion avec le prix des bois lorfquelles furent édictées.

Laiffons alors fubfifter les amendes ordinaires , quoique prix des bois eft plus que triplé depuis qu'on en a fixé le montant. Suivons la rigueur des loix , par rapport aux récidives ; elles puniffent celles des ufagers abufans , par la privation de leur droit d'ufage & pour le malheur des forêts, cette bonne difpofition eft tombée en defuétude.

N.º 75. délinquans en récidive privés pour un temps de l'affouage de communauté.

Du moins qu'on fufpende moitié de cette jouiffance pour les premiers délits (55) & qu'on

Nota. On verra dans un ouvrage que je me propofe de donner avec un Supplément à ce Mémoire, pour qu'il ne foit pas trop volumineux, que j'infifte fur une courte réclufion pour les jeunes gardiens de beftiaux qui les tiendront à garde faite dans les jeunes taillis ; fans préjudice du moins à une partie des peines pécuniaires que prononcent les Ordonnances en pareil cas : ce châtiment dans tous les cas de flagrans délits, préviendra les trois quarts des abroutiffemens qui font, je le répète, la principale caufe de la ruine des forêts. Oferois-je dire ici que toutes les perfonnes au fait du régime des bois, à qui j'ai propofé mes vues relatives, les approuvent ?

(55) Nul homme de bon fens dans nos campagnes, à qui j'ai dit cette idée, qui n'y applaudiffe , & fur-tout à l'ordre qui feroit donné aux gardes à cheval & aux individus de la gendarmerie, de pourfuivre dans les taillis les jeunes pâtres qui y gardent des bœufs & vaches,

la retranche totalement en cas de récidive, alors s'il y a trente-deux ménages dans une paroisse, dont l'affouage devoit être d'une corde, mais que huit délinquans incorrigibles l'ayent dégradée avant qu'on l'exploite, au point d'enlever le quart de la superficie, est-il naturel que de tels voleurs qui ont profité chacun d'une corde de bois de délits, partagent encore dans ce qu'il leur aura plû de laisser aux autres ?

La justice distributive n'exige-t-elle pas que celui qui s'est ainsi & indûment approprié une grande portion dans une jouissance commune, soit privé du moins pour un temps de participer à ce qui en reste*? d'ailleurs les loix l'ont ainsi prononcé, & tous les auteurs Forestiers nous les rapportent.

*Du moins la première fois le priver de la douceur proposée N°. 15.

Alors MM. les Juges de Paix ou de Municipalité déclareroient la suspension du droit d'usage encourue par l'infidelle citoyen qui en auroit ainsi & itérativement abusé (56), la part des autres accroissant d'autant : le tableau des coupables opiniâtres, mis dans le lieu de l'as-

N.° 76. Les Délinquans suspendus du droit de citoyen actif.

Sur-tout qu'on leur enjoigne de les ramener aux ordres du Juge de Paix, qui pourroit ordonner une réclusion, sous les yeux du maître d'école. Ces enfans gagnent quelques petits vêtemens & 15 à 18 liv. Le maître est souvent en avance, s'il retient une partie de l'amende sur les gages ; l'enfant quitte, ses proches le soutiennent ; on décrédite le service du laboureur.

La crainte de cette réclusion fera un bien meilleur effet que des amendes pour un délit dont le propriétaire des bestiaux est souvent innocent.

(56) Cette sentence seroit une note désagréable qui aideroit à contenir beaucoup de dégradeurs de forêts.

semblée commune, n'entraîneroit-il pas la suspense du droit de citoyen actif? (57) on y pourroit joindre celle d'être privé du port des armes à feu. Ces dispositions en imposeroit peut-être plus qu'une augmentation de peines pécuniaires, ou que les rigueurs anciennes.

Enfin, si le voleur de bois persévère, les loix les condamnent à une oiseuse captivité, qui obligeroit la Nation à des frais d'alimens & de géole très-considérables.

Proposons, Messieurs, un parti plus utile à la chose publique.

Au lieu de trente jours de prison, qu'ils soient réduits à douze (58), mais qu'on les rende actifs au profit de la forêt : ceux alors qui

N.° 77. La loi pour les voleurs de bois en récidive & hors d'état de payer l'amende ordonne la prison.

(57) On ne peut trop humilier quelqu'un qui viole ainsi & avec récidive un objet de première nécessité & exposé comme le bois à la foi publique.

(58) Avant de mettre dans un mémoire cette idée, j'en ai conféré avec les Officiers d'eaux & forêts, dont les lumières répondent au zèle, tous y ont applaudi, le trésor national y gagneroit de deux façons; 1°. trois quarts moins de frais de nourriture en prison ; 2°. les forêts du moins un peu réparées, sur-tout tant de mauvais pas où les voitures se brisent, seroient remises en état, des taillis exposés aux troupeaux seroient fossoyés, &c.

Mais qu'on leur donne des tâches comme cinquante Marcottes de Gaulis, proposés au N°. 6, une ou deux toises de fossés de circonvalation indiqués No. 43 ; s'ils s'échappent, de deux choses l'une, où ils retourneroient chez eux, ou ils quitteront le pays.

Au premier cas, leur châtiment seroit agravé.

Dans le second, c'est un bonheur d'être défait d'un dégradeur incorrigible, on écriroit aux Départemens de le surveiller, les gendarmes nationaux les signaleroient avant l'ouvrage pénitentiel.

l'ont dégradée partiroient le matin, sous une main-forte suffisante, pour faire dans les bois les opérations de main-d'œuvre jugées les plus utiles. L'ordonnateur de la besogne prescrivant une tâche, ne pourroit-il pas être autorisé de réduire du quart au tiers les jours de ces travaux pénitentiels (si j'ose parler ainsi) en faveur de ceux qui auroient mieux fait leur devoir ?

Enfin, Messieurs, si malgré toutes ces mesures, les voleurs de bois retombent encore dans le même crime, les loix Lorraines & Françoises ont prononcé des châtimens graves. Ma plume d'accord avec mon cœur sensible, répugne à les décrire. Au lieu donc des exportations aux Isles qu'on peuple par-là de mauvais sujets : au lieu des galères qui surabondent de forçars, dont le transport en Provence coûte cher, ne vaudroit-il pas mieux qu'on établisse des travaux de force dans chaque Département ? La vue du coupable (59), quoique puni d'une manière moins rigoureuse que l'ordonnance ne l'avoit prononcé, en imposeroit peut-être plus dans le canton, qu'un châtiment plus sévère dans un lieu plus éloigné.

N.° 78. Réduire la peine de moitié, mais les obliger ces captifs à destravaux pour le bien de la forêt.

N.° 79. La loi punit d'exportation aux Isles les incorrigibles, y substituer des travaux de force dans le pays.

_____

(59) Combien n'en coûte-t-il pas pour envoyer des galériens du levant au nord de la France à la Méditerranée ? ne vaudroit-il pas mieux établir des ateliers de châtimens dans nos Départemens ? des petits tombereaux à deux roues, traînés par deux coupables, poussés par deux autres, enleveroient les boues de nos rues, & l'agriculture qui réclame les sueurs des chevaux qui font ces sortes de voitures en profiteroit. Il y a moyen d'empêcher les forçats de fuir.

SUPPLÉMENT
AU MÉMOIRE.

A L'INSTANT que j'ai fu par les papiers publics que la Société royale de Paris décernoit à mon Mémoire fur les bois, un prix dont le Corps Municipal a fait les fonds ; j'ai traité avec mon Imprimeur pour offrir à ces deux Compagnies refpectables les premiers exemplaires de mon ouvrage.

Mes vues rédigées en 1788 & adaptées (fous modification néanmoins) au régime des Maîtrifes, ne concordoient plus à cet égard avec celles de l'Affemblée Nationale ; j'ai refondu ma matière ; le premier jet en a été envoyé fous le coftume anonyme pour le concours aux prix que devoit donner l'Académie de Nancy très-peu de temps après.

Des circonftances particulières m'ayant fourni une fuite de connoiffances relatives de local vers la Mofelle, Meufe, Aifne, Marne & même un peu fur la Meurthe & dans l'Ifle de France, dont j'ai parcouru une partie des bois par ordre fupérieur, pour y détruire une race perfide de bêtes voraces,

étrangères qui y caufoient d'affreux ravages (1).
J'ai compofé conféquemment mon Mémoire :
j'en ai adreffé au même concours, deux autres,
le premier fur l'amélioration de l'Agriculture
bien languiffante vers la Meufe, Mofelle, &
fur-tout la Meurthe; le fecond offre un enfemble de moyens faciles, quoiqu'infolites,
pour donner très-inceffamment la plus grande
énergie aux Manufactures, & fur-tout au commerce de Nancy, Metz & leurs alentours : ces
trois productions de mon zèle viennent d'être
encore honorées des éloges d'un prix de l'Académie de Lorraine, dans fa grande féance du 8
de ce mois de mai. C'eft une efpèce de terne
littéraire, & je me propofe de rendre encore
ces deux Mémoires publics par la voie de
l'impreffion bien lente, au gré des auteurs,
dans ce moment où toutes les preffes gémif-
fent pour des ventes nationales, &c.

Profitant du retard, j'ai vifité la partie de
ces vaftes & fauvages forêts des Maîtrifes de
Clermont, Varennes & des Montignons, ainfi
que celles de Mme. la Ducheffe d'Elbœuf, que
traverfe ou avoifine un canal, verfant depuis
peu des bois à Paris & dans nos ports.

Quelle n'a pas été ma fuprife agréable, en
voyant que les loix foreftières qui ont fubi tant
d'échecs ailleurs, fe font foutenues dans ces
cantons, au-delà de toute croyance! J'en com-
plimentois les Officiers; l'un d'eux diftingué par
l'ame, l'efprit, je pourrois dire le génie (2), me
prévint que des Villageois aux parties extrêmes

_____

(1) Vingt-fix perfonnes en furent déchirées, en moins
d'une femaine, vers Nogent & Sens, 18 en moururent.

(2) M. C..... M. P. à Clermont.

de fon reffort en avoient imité tant d'autres,
féparées du canal par des montagnes impratica-
bles à la traite des bois pour Paris, j'ai dirigé
mes pas ailleurs, & traverfant à cheval de grandes forêts comme des boqueteaux détachés,
c'eft une jouiffance pour moi de pouvoir dire
ici avec la loyauté d'un ancien militaire, que
je n'ai pas vu un feul chêne ou hêtre tombé fous
la hache illicite.

J'ai vifité le vénérable Maître-particulier des
Monzéville, Doyen de l'ordre, car il exerce
depuis 52 ans. On a lu dans mon Mémoire
que depuis trois ans, il ne connoiffoit pas
dans fon reffort, malgré fes courfes fréquentes,
d'arbres de valeur coupés en délits. Lui ayant
rappelé l'affertion, il ma répondu (fans que
cela fignifie tout à fait, je l'avoue, la même
chofe) je fuis content; qu'un tel Officier &
fes petits-fils (car fes larmes couloient encore
pour la perte récente d'un fils unique, fon
adjoint & cher à tout le pays) qu'ils ont,
dis-je, d'efpoir dans la bienveillance des Re-
préfentans de la patrie ? ils aimeront à diftin-
guer des fujets comme ceux-là d'efpérance,
nés, nourris dans les bois & en même temps
fils de maître, de tant d'autres élevés dans la
moleffe de nos grandes villes, & qui obtinrent,
encore adolefcens, des premières places d'eaux
& forêts, fans connoiffance pour le moment
ni follicitude relative pour l'avenir, &c.

Oferai-je dire à cette occafion que je con-
nois un autre & très-intéreffant adjoint de fait,
d'actives opérations foreftières (fi l'âge ne lui
a pas permis de l'être de droit) & qui vit dans
la même efpérance; c'eft le fils de M. le Maître-
Particulier de Nancy, exerçant depuis 30 an-

nées à la satisfaction des citoyens de la Ville
& des campagnes de toutes les classes : son
goût, dès l'enfance, comme celui du Père
respectable, le porte au régime des forêts, &
tout annonce, sous quelques aspects que je
l'observe, qu'il se distinguera avec éclat dans
cette intéressante carrière

Conférant à Monzéville avec le vénérable
Officier de cette partie dont j'ai parlé, pour
l'amendement de mon Mémoire, j'ai vu chez
lui M. B.... ancien militaire, citoyen zélé &
élevé comme tel aux premières places de
confiance, à la nomination du peuple.

L'un & l'autre discutèrent avec la franchise
de l'amitié, mes vues, les honorant en dernière
analyse, de leur approbation: ils me rappelèrent
ce que je leur avois autrefois dit, que le grand
point du nouvel ordre des choses pour les
forêts, devoit être d'épuiser tous les moyens
pour ôter aux dégradeurs de bois, les prétextes
dont ils se servent pour l'excuse de leurs délits. Tantôt c'est la casse d'une poutre qui exige
la subite substitution d'une autre qu'on ne
trouve pas à sa portée ; plus souvent une
échelle dont on a besoin dans chaque ménage,
s'est trouvée rompue, &c. &c.

Une perche quelquefois aussi nécessaire
manque, & le délinquant aime à croire qu'on
n'en trouve pas à acheter aux alentours. Dans
le pemier cas, on aviseroit aux erreurs, à ce
que pensent ces citoyens, en retenant lors des
ventes des futaies communales, quelques chênes que l'écarissage empêche de dépérir, &
dont on feroit un petit dépôt, confié à un
homme public, tel que le Greffier. On en dis-
tribueroit dans le besoin pressant, & sous une

modique fomme, pour la caiffe de la Commune.

Quant aux autres petits articles, ces MM.
opinèrent que chaque trois mois, & à jour in-
diqué d'avance, les ufagers en befoins réels,
enfuite d'un petit mémoire apoftillé par le
Corps Municipal, feroient pourvus avec toutes
les précautions propres à empêcher l'abus dans
le taillis à couper inceffamment , toujours
fous une petite fomme à verfer dans la caiffe
communale, & fous les yeux d'un garde de
confiance. J'ai trouvé leurs obfervations fi
juftes que je m'empreffe ici de leur en faire
un hommage public.

Obligé, comme le j'ai déjà dit, de changer
mon Mémoire adreffé à la Société Royale de
Paris avant la révolution, & de l'adapter aux
circonftances ; j'ai encore cherché à emprun-
ter les lumières des particuliers des campagnes, les plus à même de m'éclairer fur mon
objet. Tous fans diftinction de claffes, ont
applaudi à mon idée, d'infliger un châtiment
plus paternel que de rigueur, aux jeunes pâtres
furpris avec leurs beftiaux abroutiffant fous
leurs yeux les taillis : j'ai vu les laboureurs fur-
tout, pénétrés de reconnoiffance à mon égard
pour cela, tous s'accordant à me dire qu'ils ne
ceffent de recommander à ces jeunes fervi-
teurs de fe borner aux grands bois, en s'éloi-
gnant des taillis. Il y a plus de deux fiècles
qu'un zélé Pafteur a écrit & rendu public,
par la voie de l'impreffion, que ces adolefcens
qu'il nomme paftoureaux, étoient *une race*
rebelle & en befoin de correction, il n'y a
que huit jours que, fortant de chez un Offi-

cier général, qui, à l'exemple de ceux de
l'ancienne Rome a profité de la ceſſation de
guerre où il s'eſt diſtingué avec éclat pour s'at-
tacher à l'agriculture & donner de l'ouvrage
aux individus d'une pauvre paroiſſe (1), qui le
portent tous dans leur cœur, je trouvai dans des
taillis de deux ans une grouppe d'enfans &
adoleſcens des deux ſexes, folâtrant, riant,
&c., ils prirent la fuite à mon approche ;
la même choſe m'arriva l'année dernière aux
taillis voiſins, & j'avoue que mon indignation
prévalut ſur la prudence, car je pourſuivis
une jeune fille a qui j'ai enlevé, pour mémoire, la coëffure que je fus dépoſer chez le
Maire du lieu, (M. Collet, cultivateur actif
& citoyen infiniment eſtimable par les mœurs
& la probité.)

En réſumant les avis & en dernière analyſe,
nous avons opiné dans cette occaſion auſſi importante qu'elle paroîtra minucieuſe à quelqu'uns de mes Lecteurs, qu'il faudroit pratiquer
une peut-être deux petites cellules (2), à côté
de la chambre d'école, pour y tenir les pâtres &
pâtreſſes, ainſi en délit à titre de chambre ou
plutôt de cabinet de diſcipline, les Magiſ-
ters tenus à leur réitérer trois fois dans la
journée, des inſtructions, moyennant cinq ſols
par jour, & de veiller à ce qu'on ne leur
donne que du pain & de l'eau; ſur-tout nous
avons penſé que ſi l'on permettoit à l'heure

_____

(1) Je dis deux en cas de délit, le même tour par
des jeuñes pâtres des deux ſexes.

(2) Tillonbois vers Ban.

qu'on appelle la détellée (2) , aux jeunes prê-
tres du canton de vifiter ces jeunes captifs,
il en réfulteroit plus d'attention pour l'avenir
de la part des uns & des autres , &c.

Quant à mon plan de confier la furveillance
des forêts à la Gendarmerie Nationale , con-
curremment avec des Vétérans choifis, on ne
m'a oppofé que la furcharge qui en réfulteroit pour ce corps, qui a véritablement mérité
de la Nation , fur-tout depuis deux ans ; mais
j'ai obfervé que j'avois propofé de la tripler
fans dépenfe quelconque pour le tréfor national. Je pourrois dire encore , qu'ayant conféré
de la manière avec ceux des Officiers de notre
Maréchauffée actuelle & de nos Troupes de
ligne, à qui la Providence a départi à degré
le plus rare , le don de bien voir & juger les
objets ; tous m'ont félicité à cette occafion.

J'ai , dis-je , propofé , comme on le verra
bientôt dans un Mémoire très-détaillé , de
choifir deux hommes par compagnie de nos
Troupes de pied & de cheval , défireux , &
fur-tout dignes du titre de Gendarmes auxiliaires , aux ordres des Commandans du Corps,
&c. &c. fous un huitième d'augmentation de
folde , & fur tout la certitude de remplir les
places vacantes, moitié par rang d'ancienneté,
le refte comme récompenfe d'actions diftin-
guées qui feroient un titre de plus à la médaille.

On a oppofé à ce plan que nous avions peu
de garnifon dans l'intérieur ; mais outre qu'on

_____

(2) Temps où les hommes & animaux d'agriculture
repofent après le labour.

peut y mettre du moins plus de cavalerie ;
n'eſt-il pas aiſé de renforcer nos futurs Gendarmes en titre ou auxiliaires, par des brigades fictives de Vétérans encore vigoureux
retirés avec ſolde & honneur : ſans doute,
comme je le dis plus au long dans mon Mémoire relatif, on leur réglera un petit traitement les jours qu'ils ſeront tirés du lieu de leurs
domiciles.

J'ai dit enfin qu'une inſtitution ſi utile ſous
tous ſes rapports, ne peſeroit pas ſur nos
finances, qui ont tant d'autres & très-preſſan-
tes deſtinations, j'en donnerai des moyens
dont nul inconvénient ne paroît devoir balan-
cer les avantages.

Que mes lecteurs de toutes les claſſes n'ont-
ils été témoins de la ſatisfaction des grands &
petits cultivateurs, de ma connoiſſance, en
apprenant, que la Société royale d'agriculture de Paris, ſi éclairée, ſi judicieuſe, avoit
couronné mes vues, où j'inſiſte ſi fort pour confier, non-ſeulement la ſurveillance des bois,
mais encore celle des biens champêtres, aux
futurs Gendarmes Nationaux, renforcés comme je viens de dire par des auxiliaires en pied
& des Vétérans retirés, toujours ſubſidiaire-
ment avec les Gardes, mieux payés à l'avenir,
& qui en ſont ſpécialement chargés.

Enfin, (ont dit ces cultivateurs) nous ſerons
donc ſûrs de recueillir ce que nous aurons
ſemé : on ne verra plus ces nombreuſes troupes
de bêtes fauves ſe réunir à d'immenſes peu-
plades de lapins, à des bandes ſi multipliées de
pigeons, pour détruire d'un côté nos récoltes,
tandis que des hommes pervers s'en appro-

prient de l'autre, par des larcins nocturnes, plus ou moins de portions. Nôtre Gendarmerie ainſi renforcée de deux manières, toujours active, même la nuit, pour la protection des voyageurs & de courriers chargés d'aſſignats, &c., en impoſera une bonne fois à ces hordes de brigands, ravageurs de nos campagnes, &c.

———————

P. S. L'homme de lettres, de génie, (& je pourrois dire d'état) qui a fait l'analyſe (1) de ce Mémoire, avec les grâces & la facilité d'organe, qui flatte ſi fort une aſſemblée nombreuſe ; ne cacha pas, après les plus grands éloges, que je montrois de la maigreur dans l'article de l'aménagement ultérieur des bois. J'ai donc cru devoir lui préſenter (la ſéance tenue) une quatrième partie où je le traitois en détail & que j'avois ſupprimée ; j'ai cru pour cela que l'Aſſemblée Nationale devant bientôt mettre à l'ordre du jour cette matière intéreſſante, je montrerois plus de reſpect & de civiſme en me rendant à Paris, & ſollicitant ſon agrément pour ſoumettre le fruit de mes expériences & mes vues relatives à la ſupériorité de celles qui caractériſent le lumineux Préſident, & les Membres du Comité particulier, auxquels elle en défère à cet égard.

———————

(1) M. C.... en ſa qualité de Directeur de la Société des Sciences, Belles-Lettres & Arts de Nancy.

www.ingramcontent.com/pod-product-compliance
Lightning Source LLC
Chambersburg PA
CBHW050528210326

41520CB00012B/2480